农家摇钱树·**家畜**

怎样经营好家庭猪场

◎主编／何庆华　吕军国

U0324988

广东省出版集团
广东科技出版社
·广　州·

图书在版编目（CIP）数据

怎样经营好家庭猪场 / 何庆华，吕军国主编． —广州：广东科技出版社，2013.3（2017.1 重印）

（农家摇钱树. 家畜）

ISBN 978-7-5359-5786-3

Ⅰ. ①怎…　Ⅱ. ①何…②吕…　Ⅲ. ①养猪场—经济管理②养猪学　Ⅳ. ① S828

中国版本图书馆 CIP 数据核字（2012）第 241289 号

Zenyangjingyinghao Jiatingzhuchang

责任编辑：区燕宜
封面设计：柳国雄
责任校对：盘婉薇
责任印制：彭海波
出版发行：广东科技出版社
　　　　　（广州市环市东路水荫路 11 号　邮政编码：510075)
http：//www.gdstp.com.cn
E-mail：gdkjyxb@gdstp.com.cn（营销中心）
E-mail：gdkjzbb@gdstp.com.cn（总编办）
经　　销：广东新华发行集团股份有限公司
印　　刷：佛山市浩文彩色印刷有限公司
　　　　　（佛山市南海区狮山科技工业园 A 区　邮政编码：528225）
规　　格：850mm×1 168mm　1/32　印张 7.5　字数 180 千
版　　次：2013 年 3 月第 1 版
　　　　　2017 年 1 月第 2 次印刷
定　　价：15.00 元

如发现因印装质量问题影响阅读，请与承印厂联系调换。

　　何庆华，男，33 岁，博士。2005 年毕业于华中农业大学畜牧兽医学院，获兽医学学士和硕士学位，2008 年毕业于中国科学院亚热带农业生态研究所，获动物营养学博士学位。2008—2009 年，担任江西正邦集团养殖总公司营养总监，主要负责下属祖代、父母代、商品猪场以及公司＋农户的饲料配方与饲养模式的制定和管理。2010—2011 年，在赢创德固赛（中国）投资有限公司饲料添加剂部从事技术服务工作。2012 年进入深圳大学任教。参加编写《现代仔猪营养学》《猪的氨基酸营养》和《2012 年 NRC 猪的营养需要量标准》，并在 Amino Acids、Animal 和《天然产物研究与开发》等杂志上发表文章 40 余篇。

　　吕军国，男，46 岁，畜牧师。1988 年毕业于甘肃农业大学畜牧系，获兽医学学士学位。自工作以来，先后担任县畜牧站业务主任、乡镇农业副镇长、国营猪场场长等职。1999 年 1 月受聘于广东温氏食品集团有限公司，曾在温氏集团下属水台猪场、高村猪场、双合猪场、更楼猪场从事生产管理工作。2001 年任更楼猪场场长；2002—2003 年任广东华农温氏畜牧股份有限公司鹤山分公司副经理；2003—2008 年，任广东华农温氏畜牧股份有限公司新兴分公司经理；2008—2009 年，担任江西正邦养殖有限公司副总经理；2009 年至今，担任南方集团有限公司总经理。1991 年在甘肃科学技术出版社出版《肉品加工》一书；2000 年在金盾出版社出版《猪病针灸疗法》一书；2005 年 8 月在中国农业出版社出版《养猪管理精要》一书。2001 年至今，在《南方农村报》《养猪业》等报刊上发表专业文章 60 多篇。2005 年中山大学在职 EMBA 高级研修结业。

内容简介
Neirongjianjie

　　本书以生产经营管理中的实际操作为主，所介绍的技术和方法实用性强，是作者在基层猪场工作多年的经验总结。内容编排以小型猪场的生产经营管理为主，同时还兼顾了专业养猪户的生产操作。系统介绍了猪场养猪观念更新、场址选择、引养良种、合理配料、制度健全、饲养管理、市场营销、猪只疾病防治、综合保健等知识，还介绍了目前养猪效益较高的"公司＋农户"的合作模式和合作养猪合同的内容。书中内容可操作性强，并有系统的管理模式和生产操作规程，为读者提供了从技术到管理、从理论到实践的猪场生产经营管理的知识体系。本书可供各类养猪管理人员和养猪专业户阅读参考。

前言
Qianyan

　　近年来，我国养猪业正从传统的小农家庭散养生产向着规模化、工厂化生产方式发展。在一些地区兴起的由大型农业龙头企业为主体，实行"公司＋农户"的模式，带动了许多农户参与到养猪事业中来，改变了单家独户养猪参与市场竞争的被动局面。通过"公司＋农户"的模式，建立起一支强大的商品肉猪生产队伍参与市场竞争，以达到共同致富的目的。公司与农户建立合作养猪的关系，公司提供仔猪、饲料、药物和技术，并负责肉猪质量的验收和销售工作，农户负责肉猪饲养管理工作。广大养殖户通过公司这道桥梁进入大市场，增强市场竞争力，降低风险。合作双方通过资金、劳动力、场地、技术、管理、销售和信息等的优化组合，实现公司与养殖户优势互补、共同发展。

　　现代化养猪生产在全国各地蓬勃地发展与扩大，先进的科学技术、生产设备、养猪流水作业等要求有素质较高的技术人员与熟练的饲养人员掌握养猪工艺流程所需的各项技术，分工细致、配合密切、管理严密、和谐协调。猪场的经营管理就是对养猪生产、流通、分配、消费等经济活动进行组织、调节、保证和监督，通过有效的生产手段，建立合理的生产秩序，以达到经营有利的目标。因此，养猪生产要取得高产、高效、优质的效果，不仅要提高养猪生产科学技术水平，同时要提高科学经营管理水平，两

者缺一不可。一个好的养猪生产者，同时又必须是一个好的经营管理者。

规模化养猪在发展过程中也遇到了一些问题和困难，有些猪场由于饲养管理措施不力、生产和兽医技术跟不上，造成猪场生产指标不高。对市场行情了解不全、管理措施落实不到位、生产经营不善，严重影响养猪业的经济效益。我们在日常的生产管理中体会到，采用先进的、科学的养猪管理技术，可大大提高养猪的经济效益，这就是编写《怎样经营好家庭猪场》一书的目的所在。

本书在内容编排上，以小型猪场的生产经营为重点，着重介绍了各个生产阶段的饲养管理操作，同时介绍了猪场经营的内容，包括制度管理、猪群管理、技术管理、财务经营管理、营销管理等知识。在写作上，既涉及基础理论的提高和新技术的推广，也介绍了临床诊断的经验和常规方法的应用，又介绍了经营管理高效益猪场的相关知识及应用方法。所介绍的各项方法和技术，实用性强。

由于编写水平有限，不妥和遗漏在所难免，请读者予以指正为盼。

编者

2012 年 3 月

目 录
Mulu

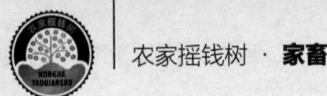

第一章 树立现代养猪生产的经营观念

读者朋友，当你准备养猪或者已经开始养猪，你一定希望自己养猪致富获得成功。在实际的饲养过程中，是否能养好，不但在于要掌握一定的养猪饲养管理技术，而且在思想观念上要具备养猪致富成功者的基本素质。同样是养猪，在相同的市场条件下，有的养殖场（户）成功致富，而有的却经营失败、亏本。经总结分析，20% 是由于疾病影响造成亏本，而 80% 不是败在技术管理上，而是败在观念上，是错误的观念导致了生产经营亏本的结果。

因此，当你决定开始从事养猪的时候，从计划的那一天起，你的思想观念、行为就与你的生产经营效益挂上钩。更新观念、把握市场行情、做好每一项细节工作、树立"要养就一定要成功"的决心、科学饲养管理、控制疾病、提高产品质量，是取得良好的养猪经济效益的前提。

从一开始就要做好每一件事，包括猪场场址选择、建设规划、设备购置、引种、配合饲料、饲养人员选择、生产管理规范、防疫消毒等工作细节。应该时刻告诉自己，干事业就不能凑合，糊弄事业就是糊弄自己的饭碗。相信自己，相信科学，勤学苦干，就一定能取得好的养猪经济效益。

1. 充分认识养猪市场波动规律，把握合适的养猪时机

近几年，生猪市场波动很大，特别是 2006 年，由于受到疾病的影响，造成 2006 年下半年猪价低迷，许多养猪户血本无归。2007 年上半年，由于猪源紧缺，市场价格明显回升，养猪效益很好。2011 年猪价的坚挺被认为是推高居民消费价格指数（CPI）的重要因素，并吸引了网易和武钢等企业进入养猪业。因此，计划养猪的朋友，一定要充分了解当地肉猪市场的价格行情，把握适合的时机，进行生猪饲养。

2. 根据实际情况，确定合理的养猪规模

养猪一定要量力而行，不能贪大求多。因为养猪成本比较高，一旦出现饲料供应不足、资金周转困难等情况，就会造成两难的局面，使养猪生产失败。因此要稳定生产，逐步扩大规模。

3. 树立成本节约意识，提高有效产出

有些养猪户整天忙碌辛苦，但生产效益不高。为什么呢？就是不注意节约成本，不是科学饲喂，而是胡乱饲喂，造成饲料浪费、药物浪费、用具浪费、水电浪费等。养猪70%的成本来自饲料，如果没有节约成本的意识，大手大脚的干活，就会增加成本。因此，在科学饲养的基础上，一定要千方百计降低饲料成本，并在多种经营上下功夫，进行综合养殖，提高产出。

4. 严格规章制度管理，提高工作效益

养猪是一项系统工程，每一个环节的失误都会影响生产效益。各生产环节都要建立严格的管理制度，用制度去规范生产操作，用制度去管理员工，奖罚分明、责任到人，使每个环节的员工干活有方向，努力有目标，从而激发每个员工的工作自觉性和积极性，提高工作效益。

5. 寻求技术帮助，少投入多收益

养猪是一项技术性很强的工作，如果没有专业人员指导，无疑是"盲人摸象"，看似简单，实际操作很复杂。如防疫消毒，一旦做不好，出现疫情，就会全场覆灭。如平时生产管理，正常母猪一年提供22头仔猪，而差的母猪一年只能提供15头仔猪，效益差异就有1 500~2 500元。因此，在生产中，不会就要及时请教，最好定期请专业人员来检查生产，发现问题并及时解决。

6. 重视防疫消毒工作，确保生产稳定

在养猪生产中，一定要坚持"预防为主，防重于治"的原则，平时加强消毒免疫，做好清洁卫生。防疫是养猪的关键，俗语说："养猪赚不赚钱看防疫"。一旦猪场防疫出问题，造成的损失将是惨重的。如2006年一些猪场（养猪户）由于"高热病"的影响，血本无归，就是防疫消毒不到位造成的。

我国传统养猪生产仅是一种副业，生产效益和生产效率显得不重要。现代集约化养猪生产已跨入市场经济时代，在市场竞争机制的作用下，养猪生产效益和效率直接涉及到养猪生产的成败。因此，养猪生产的竞争实质是生产效益和效率的竞争，归根结底是科学技术实力

的竞争。

近20多年来，在科学技术进步的推动下，我国养猪生产正大踏步地向前迈进。在集约化生产条件下，肉猪的生产成绩已接近国际先进水平。在高水平养猪生产条件下的养猪生产竞争，只有更进一步提高养猪生产的科技含量，降低养猪生产成本，提高养猪生产效率，才是参与竞争的制胜法宝。在竞争中求生存，通过竞争求发展，已成为适应市场经济时代的必然选择。

养猪生产过程是经营管理的过程，也是人、猪协调共处相统一的过程。良好的管理能出效益。人、猪之间的协调共处也能产生效益，进而提高养猪生产在市场经济中的竞争能力。养猪者把猪视为传统养猪中的猪的时代已经过去了。对养猪而言，只有在设施、设备、饲养条件（诸如猪舍环境调控设施、猪对生存空间的适宜要求等）适合猪的要求，营养供给符合猪的生理要求时，猪的生产性能才能有比较理想的表现。猪的福利和权利越得到满足就越会给养猪生产者更可观的回报。对猪场管理者而言，不但要有合理的全局性的统筹规划，还要善于挖掘物力、财力的最大潜力（如饲料、物资周转、猪群结构把握、资金的合理运转等），充分发挥人的主观能动作用，对任何一个环节的把握缺乏科学态度，都将影响到整个养猪生产效益。

一、影响养猪生产效益和效率的因素

（一）生产目标

养猪生产目标不同，其生产效益和生产效率也不同。以生产仔猪为目标的养殖场（户），要求饲养设备条件比较好，仔猪哺育和保育设施质量高，如温度控制设备好、专业技术力量比较强、饲料质量高、饲养人员责任心强、卫生保健设施完善，才有可能养好母猪和仔猪，达到多产仔猪、提高效益的目的。生产中某一个环节的疏漏，都会影响仔猪的生产效益。

以养生长肥育猪为目标的养猪生产，最容易影响生产效益的因素是疾病，一旦发生传染病，将会造成不可估量的损失。另一个重要的

影响因素是饲料的质量和价格。饲料原料要合格，要防止以次充好，配合饲料营养全面。当市场上猪粮价格比在6∶1以上时，赢利的空间较大，当低于5∶1时，养肉猪则无利或微利。

以养种猪为目标的养猪生产，要生产高质量可出售的种猪，先期研究投入高。由于种猪的市场份额比较有限，生产效益受市场影响很大，种猪场的管理要求比较严格，卫生防疫投入也比较大，如果人力、物力、财力不足，就难以达到预期目的。

以综合养猪为目标的养猪生产，即自繁自养，易于控制某些疾病，综合生产效益比较高。虽然对技术条件和管理水平要求更高，资金投入更多，资金周转更慢，但是规模化经营的整体效益比较显著。

（二）饲料

在养猪生产中，饲料成本投入占的比例很大。若生产饲料的技术水平不高，饲料质量比较低，会显著影响生产成本和效益。在现代养猪生产条件下，饲料已经不是传统养猪年代的"一瓢糠一瓢水"，饲料已成为一种科技密集型产品。提高饲料科技含量，不但对饲料的配合水平和制备技术要求高，而且对饲料原料来说，也必须按科学选购的原则，坚持质量好和价格合理的要求选购饲料，即购买饲料的营养质量观。除了常规饲料外，饲料添加剂的利用不可忽视，需要更多的技术支持，否则影响生产效益。

（三）猪场环境条件与设备

要养好猪，设备、环境是重要条件。猪场设施、设备要适合饲养的猪群。饲养母猪，要求有质量比较高的妊娠栏、分娩栏（产床）和保育栏（温控条件好）。饲养生长肥育猪则要求有通风良好、环境温度适宜、清洁卫生供水的猪舍。猪舍条件不好，可能影响猪的正常生长或正常饲料利用效率，影响生产效益。

（四）饲养管理

不同生长阶段的猪，对饲料质量和环境条件要求不同，饲养管理方式也不同。不适宜的饲养和管理方式都会影响生产效率。例如乳猪应尽早利用高质量饲料诱饲（教槽），这样有利于促进仔猪生长发育，

使仔猪尽快适应配合料；若不诱饲，则可能降低仔猪生长速度，影响后期仔猪的饲料利用效率。又如，仔猪体温调节能力差，需要保温设备帮助仔猪保温，若不对仔猪保温，不但严重影响其生长，还可能造成死亡。

（五）经营管理策略

如何利用好现有的人力、物力、财力和信息资源，并充分挖掘其潜力，是做好养猪生产经营管理的基础。因此，资金的利用、猪群的结构、人员的安排使用、猪场设备的利用、信息的来源、猪场的饲养管理水平等，都是经营管理策略考虑的范围。策略不对，将影响整个养猪生产的有效进行，影响生产效率和效益。例如，肉猪销售的市场信息把握不准确，盲目大量生产肉猪，可能会影响肉猪的售价，降低整体养猪的生产效益，即说明经营策略不够正确。

（六）资金流动

资金是养猪生产正常运行的经济命脉。资金的流动应有严格的操作规程，应随时跟踪资金流动情况。经论证应该投入的资金，如人工报酬、原材料购买、卫生防疫和环境保护等要充分保证投入，保证资金正常运作。若资金投入不当，资金运作出现越轨行为，将降低资金的投入产出比，降低资金运行效益。资金投入决策失误，会对生产效益产生严重影响。

二、目前小型猪场存在的问题

（一）目前养猪场存在的主要问题

（1）传统饲养管理模式日渐落后。

（2）对外科技交流存在局限。

（3）养猪利润空间越来越小。

（4）养猪环境日益恶化。

（5）严重的疾病困扰，往往只注重治疗，而忽视保健、预防和净化管理的过程。

通过与养猪朋友交流、沟通和学习，充分认识到依靠实用的科技

和管理、扎扎实实做好猪场最基础的工作，是养好猪的最可靠保证。

（二）需要解决的基本问题

（1）最基本的品种问题。目前"小而全"自繁自养的育种模式不合时宜。

（2）最基本的管理问题。选址建设好、通风、干燥、卫生、密度适宜、冬暖夏凉等，是养好猪的先决条件。

（3）最基本的饲养问题。饮水、饲料营养和饲喂方式等，这是养好猪的物质基础。

（4）最基本的疾病预防问题。消毒、防疫、驱虫、保健、生物安全等，即做好猪场的净化管理，是养好猪的安全保证。

第二章　猪场选址与猪舍设计

正确选择猪场场址并按最佳的生产联系和卫生要求等进行合理的规划和布局，是猪场建设的关键。科学合理的规划和布局，有利于提高设备利用率和人员劳动生产率，也有利于严格执行卫生防疫制度和措施。

一、建场选址原则

养猪场应建在地势干燥、排水良好、易于组织防疫的地方，用地应符合当地规划要求。猪场周围3 000米无大型皮革厂、化工厂、肉品加工厂、矿厂，距离交通要道、公共场所、居民区、城镇、学校1 000米以上，距离医院、畜产品加工厂、垃圾及污水处理场2 000米以上，周围应有围墙或其他有效屏障。

要考虑到是否有足够的电力供应以保障猪场生产和生活的正常运转，并预备好后备电源。要确保水源充足，水质优良。在规划阶段就应考虑到为将来扩建留有余地。还应考虑顺风方向与最近居民区的距离，扩大距离可使猪场的不良气味在到达居民区之前被冲散。

二、一般农户猪场选址的要求

一般农户养猪比较少，有的只有几头，但也应有栏舍圈养，不宜放养。如果要兴办养猪场，对场舍地址的选择应尽可能考虑到水质、饲料、防疫、能源、交通、土质、市场等因素。一般应选在地势较高的地方，最好向南稍为倾斜，水源充沛、水质清洁和交通便利。距离生活区或交通要道不能太近，有利于粪便污水处理，使饮用水源不受污染。栏舍设计应考虑通风、光照等，进出方便，既便于冬季保暖又便于夏季防暑，且要投资较少。

猪舍的式样常见有单列式、双列式两种。采用水泥地面，种公猪栏应设有运动场，母猪栏设仔猪哺乳间。每头猪所占面积，种公猪6~8米^2，带仔母猪5~8米^2，肉猪1米^{2}左右。方位应坐北朝南，或偏东南。

在生态农业的发展中，南方一些地方已探索出"一坡山、一片果、一塘水、一棚鸭、一栏猪、一塘鱼"立体养殖的成功经验。在池塘或水库坡上栽果树（或种蔬菜、庄稼、牧草等），岸边建猪栏、鸭棚，水中放鸭子和养鱼。猪粪、尿用作果树及庄稼的肥料，或猪粪、鸭粪喂鱼。也可以建沼气池，将猪粪、鸭粪流入沼气池发酵，产生沼气做燃料供炊事与照明；猪粪、鸭粪发酵后再用作肥料，或流入鱼塘，提高鱼塘肥力，增加浮游生物，为鱼类增加食料。这些立体养殖模式，既可以产生互补性，保持生态的良好循环，又可以取得较好的经济效益。

三、猪场布局和猪舍建筑设计

（一）猪场布局

在选定的场地上进行分区规划和确定各区建筑物的合理布局，是建立良好的猪场环境和组织高效率生产的基础工作和可靠保证。因此，必须根据有利于防疫、方便饲养管理、改善场区小气候、节约用地等原则，综合考虑布局。

猪场通常分 4 个功能区，即生产区、生产管理区、隔离区、生活区。在进行分区规划时，应首先从人、畜保健角度出发，便于防疫和安全生产，合理安排各区位置。

1. 生产区

生产区是猪场的最主要区域，包括各类猪舍、道路和生产设施。为了做好防疫工作，各猪舍由料库内门领料，用场内小车运送。在靠围墙处设装猪台，出售猪只时由装猪台装车，避免外来车辆和人员直接进场。

2. 生产管理区

生产管理区也叫生产辅助区，包括行政办公室、后勤水电供应设施、车库、饲料加工调配车间及储存库、卫生消毒池等。该区与日常饲养工作关系密切，距离生产区不宜远。饲料库应靠近进场道路处，

以便场外运料车辆不需进入生产区而方便卸料入库。消毒、更衣、洗澡间应设在场大门的一侧。

3. 隔离区

隔离区包括兽医室和隔离猪舍、尸体剖检和处理设施、粪便处理及储存设施等。为防止病原传播，该区应设在整个猪场的下风与地势低洼处，病畜隔离舍要尽可能与外界隔绝，在四周还应有天然或人工的隔离屏障。对该区污水和废弃物要严格控制，以免污染周围环境。

4. 生活区

猪场生活区要求单独设立，该区包括文化娱乐室、职工宿舍、食堂等。为保证良好的卫生条件，避免生产区臭气、尘埃和污水的污染，该区应设在猪场的上风和地势较高处，并与猪舍隔离开来。

（二）**猪舍朝向**

猪舍的朝向要根据当地的主导风向和日照情况来确定。一般要求猪舍在夏季接受强烈太阳照射少，舍内通风量大而均匀；冬季有利更多阳光照入舍内，冷风渗透少。猪舍一般以向南或南偏东、南偏西45°内为宜。

（三）**猪舍排列**

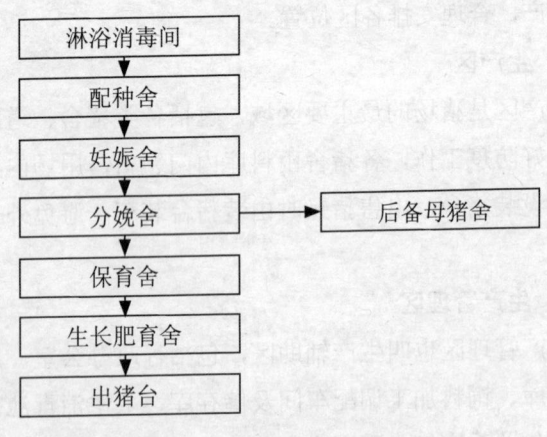

图 2-1　猪舍排列

（四）猪舍建筑

猪舍建筑类型应根据当地气候环境因素来决定。无论使用哪一种建筑类型，都要充分考虑到猪舍通风、干燥、卫生、冬暖夏凉的要求。

（五）猪场环境保护

1. 死畜及粪便处理

将死畜及猪的胎盘投入病死猪无害化处理间，不得扔在蓄粪坑里，也不能与粪肥一起在大田施撒。猪粪、尿应经过无害化处理后使用。生态养猪的核心是猪粪、尿的合理处理，猪粪可以配合成有机复合肥，污水则可采用厌氧发酵，生成沼气变成再生能源。

2. 猪场绿化

在猪舍四周种植高大乔木，既有利于猪舍之间的通风，又能起到遮阳的作用，有利于炎热季节降温。

3. 发展生态立体农牧业

在猪舍周边开拓种植业，可以充分消化猪场粪水或沼气渣，促进良性生态循环。

第三章　引养良种

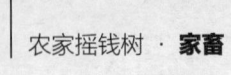

猪的生产性能受遗传因素影响占 20%~25%。因此，选择优良猪种是养好猪的重要前提。

一、猪的经济类型

根据不同猪种肉脂生产能力和外形特点，按胴体的经济用途可分为瘦肉型（腌肉型）、脂肪型和介于两者之间的兼用型 3 个类型。

（一）瘦肉型

瘦肉型猪的生产方向以腌肉用为主，胴体瘦肉率达 55% 以上，膘厚 1.5~3.5 厘米，可加工成长期保存的肉制品，如腌肉、香肠、火腿等。其外形特点是：前躯轻，后躯重，中躯长，背线与腹线平直，四肢较高，体长大于胸围 15~20 厘米。我国近年来引入的各种瘦肉猪良种均属此类型，如杜洛克、汉普夏、大约克夏、长白猪等。

（二）脂肪型

脂肪型猪的脂肪一般占胴体的 45% 以上，膘厚 4 厘米以上。其外形特点是：头颈粗重，体躯宽、深而短，体长胸围相等或略小于胸围 2~5 厘米，四肢较短。我国大多数地方猪种都属此类型，如太湖猪、民猪、八眉猪、内江猪、荣昌猪、藏猪、金华猪、宁乡猪和大花白猪等。

（三）兼用型

这种类型以生产鲜肉为主，胴体中的瘦肉和脂肪比例相近，各占 45% 左右，外形介于脂肪型和瘦肉型之间。在这类猪种中，凡偏向于脂肪型者称为脂肉兼用型，凡偏向于产瘦肉稍多者称为肉脂兼用型。我国大多数培育猪种都属于此类型，如北京黑猪、上海白猪、关中黑猪、汉白猪、哈白猪等。

猪的经济类型实质上是生长发育类型，既是可遗传的，又是可塑的，是不同时期消费需求和生产水平的反映。随着市场对瘦肉需求的不断增加，脂肪型猪逐渐向兼用型和瘦肉型转变。

二、猪的著名品种

（一）长白猪

1. 外形特征

毛色全白，体躯呈流线型，两耳向前下平行直伸，背腰长，腹线平直不松弛，皮肤薄，骨骼细，乳头平均 7~8 对。

2. 特点评价

具有生长快、饲料利用率高、瘦肉率高、母猪产仔多、泌乳性能好的优点。相对缺点是肢蹄不够结实，抗逆性较差，但英系、丹系新长白肢蹄相对有所改善。

3. 杂交利用

常用作生产配套系的父本。

（二）大白猪

1. 外形特征

毛色全白，体格大而匀称，呈长方形，头颈较长，脸微凹，耳大直立，鼻直，背腰微弓，四肢较长，乳头平均 7 对。

2. 特点评价

增重快，瘦肉率高，肉质好，适应性强，母猪肢蹄健壮，母性强，繁殖性能高，但性成熟较晚。

3. 杂交利用

常用作生产配套系的母本。

（三）杜洛克猪

1. 外形特征

毛为棕红色（也有金黄色至暗棕色），樱桃红色最受欢迎，耳中等大，耳尖前垂，四肢粗壮，头较小而清秀，身上不允许有白毛。

2. 特点评价

生长速度快，瘦肉率高，抗逆性强，料肉比低，体质结实，肢蹄健壮，肉色好。公猪性欲强，但母猪产仔数少，泌乳力稍差。

3. 杂交利用

常用作终端父本。目前常用的有美系杜洛克、台系杜洛克和加系杜洛克,它们各有优势。

(四)皮特兰猪

1. 外形特征

毛色灰白夹有黑色斑块,还有部分红毛,耳中等大小向前倾,头面平直,嘴大且直,体躯呈圆柱形,肌肉丰满,但肢蹄矮短。

2. 特点评价

瘦肉率特别高,可达70%左右,但抗应激能力较差,体重达90千克以后,生产速度明显减慢,肉质不佳。

3. 杂交利用

常用作生产皮杜杂交公猪的父本。

(五)太湖猪(梅山猪)

太湖母猪是繁殖能力最高的母猪,体黑色,耳大下垂,性成熟早,在保证适宜瘦肉率、提高繁殖力的杂交改良中,太湖猪是一个比较理想的母本。

三、引种方式和杂交利用

(一)一定规模的猪场

建议建立一个祖代核心群,引进高品质纯种的大约克母猪和长白公猪,杂交产生第一代(F_1),从杂交一代的母猪群中挑选出优良个体作为母本(即平常说的长大母猪),与高品质的纯种杜洛克公猪(父本)杂交,生育出来的后代(即杜长大,俗称外三元)作为商品猪。上述杂交方式称为三品种杂交,它能获得明显的杂种优势,即繁殖性能好、生长速度快、料肉比低、瘦肉率高、抗病力强、屠宰率高、肉色好等特点。

(二)一般中小规模的猪场

引入后备长大母猪和后备杜洛克公猪直接进行杂交生产。引种比例为:长大母猪:杜洛克公猪=(20~25):1。经过多年的实践证明,杜长大三元杂交利用,优势明显,适应性强。

（三）小型猪场及农村的家庭猪场

以太湖猪或上海白猪为母本，与长白公猪杂交所生杂交一代，从中选留长太猪或长上母猪与杜洛克公猪进行三元杂交，所生产出来的后代用作商品肉猪（杜长太或杜长上，俗称内三元）。该杂交组合具有产仔数多、耐粗饲、生长速度快、应激小、肉质特别优良、瘦肉率较高等特点，深受广大养殖户欢迎，其缺点是气喘病较严重。

四、PIC 商品猪配套简介

（一）高瘦肉率配套系

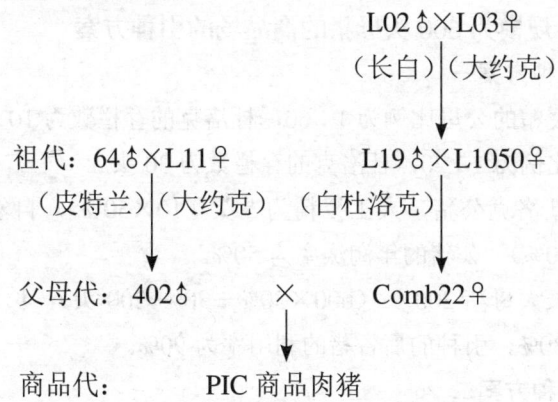

L02♂×L03♀

（长白）（大约克）

祖代：64♂×L11♀　　L19♂×L1050♀

（皮特兰）（大约克）（白杜洛克）

父母代：402♂　　　×　　　Comb22♀

商品代：　　　PIC 商品肉猪

此配套系商品肉猪具有体型好、瘦肉率和屠宰率高、生长速度快、饲料利用率高等特点。

（二）高产仔率配套系

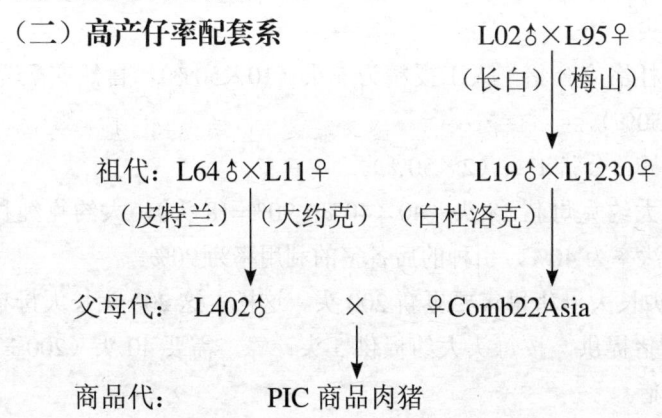

L02♂×L95♀

（长白）（梅山）

祖代：L64♂×L11♀　　L19♂×L1230♀

（皮特兰）（大约克）（白杜洛克）

父母代：L402♂　　　×　　　♀Comb22Asia

商品代：　　　PIC 商品肉猪

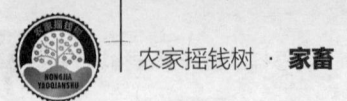

此配套系商品肉猪的体型、瘦肉率和屠宰率、生长速度、饲料利用率不如第一个配套系，但其繁殖性能好，出栏头数高。

五、商品猪场的引种方案

目前大多数养猪场采用"小而全"的自繁自养的模式。由于品种更新不及时，普遍存在商品猪生长速度偏慢、料肉比偏高、体型不丰满等问题。分析其原因，除了饲养管理、环境卫生、饲料营养等因素外，还与品种不纯和近亲繁殖有很大的关系。现推荐一些引种方案供参考。

（一）规模为 600 头母猪的商品场的引种方案

1. 引种方案一

人工授精的公母比例为 1：60，杜洛克的存栏数为 10 头；自然交配的公母比例为 1：20，杜洛克的存栏数为 30 头。

引种杜洛克公猪，人工授精为 5 头（10×50%），自然交配为 15 头（30×50%）。公猪的年淘汰率为 50%。

引种长大母猪 200 头（600×30%÷90%＝200 头），长大母猪的年淘汰率为 30%，引种的后备猪的利用率为 90%。

2. 引种方案二

人工授精的公母比例为 1：60，杜洛克的存栏数为 10 头；自然交配的公母比例为 1：20，杜洛克的存栏数为 30 头。另外，长白公猪存栏数为 2 头。

引种杜洛克公猪，人工授精为 5 头（10×50%），自然交配为 15 头（30×50%）。

引种长白公猪 1 头（2×50%）。

引种大约克母猪 18 头（40×40%÷90%＝18 头），大约克纯种母猪的年淘汰率为 40%，引种的后备猪的利用率为 90%。

600 头长大母猪每年要更新 200 头。这样，这 200 头长大母猪由大约克母猪提供，按每头大约提供 5 头计算，需要 40 头（200÷5）大约克母猪。

就目前的环境来看，大约克母猪的产仔性能比长白母猪高，而长白母猪的生长性能比大约克母猪高，所以建议采用杜长大的模式。

从以上的两种引种方案来看，引种方案二比较合理，引种的费用相对较低，同时也起到了补充血缘、提高本场生产性能的作用，与有实力的育种公司的种猪性能同步。

（二）规模为 300 头母猪的商品场的引种方案

1. 引种方案一

人工授精的公母比例为 1∶60，杜洛克的存栏数为 5 头；自然交配的公母比例为 1∶20，杜洛克的存栏数为 15 头。

引种杜洛克公猪，人工授精约为 3 头（5×50%），自然交配约为 8 头（15×50%）。公猪的年淘汰率为 50%。

引种长大母猪 100 头（300×30%÷90%），长大母猪的年淘汰率为 30%，引种的后备猪的利用率为 90%。

2. 引种方案二

人工授精的公母比例为 1∶60，杜洛克的存栏数为 5 头；自然交配的公母比例为 1∶20，杜洛克的存栏数为 15 头，另外，长白公猪存栏数为 1 头。

引种杜洛克公猪，人工授精约为 3 头（5×50%），自然交配约为 8 头（15×50%）。

引种长白公猪 0.5 头（1×50%），即每两年引种 1 头。

引种大约克母猪约为 9 头（20×40%÷90%），大约克纯种母猪的年淘汰率为 40%，引种的后备猪的利用率为 90%。

300 头长大母猪每年要更新 100 头。这样，这 100 头长大母猪由大约克母猪提供，按每头大约提供 5 头计算，需要 20 头（100÷5）大约克母猪。

从以上的两种引种方案来看，建议采用引种方案二，因为这样的引种费用相对比较低，并且也起到了补充血缘、提高本场生产性能的作用。

（三）100 头及 100 头以下猪场的引种方案

1．引种方案一

以 100 头为例，自然交配的公母比例为 1∶20，杜洛克的存栏数为 5 头。

引种杜洛克公猪约为 3 头（5×50%），公猪的淘汰率为 50%。

引种长大母猪约为 33 头（100×30%÷90%），长大母猪的年淘汰率为 30%，引种的后备猪的利用率为 90%。

2．引种方案二

自然交配的公母比例为 1∶20，杜洛克的存栏数为 5 头。另外，长白公猪存栏数为 1 头。

引种杜洛克公猪约为 3 头（5×50%），公猪的年淘汰率为 50%。

引种长白公猪 0.5 头（1×50%），即每两年引种 1 头。

引种大约克母猪约为 3 头（6×40%÷90%），大约克纯种母猪的年淘汰率为 40%，引种的后备猪的利用率为 90%。

100 头长大母猪每年要更新 30 头。这样，这 30 头长大后备母猪由大约克母猪提供，按每头大约提供 5 头计算，需要大约克母猪 6 头（30÷5）。

对于 100 头母猪以下猪场的引种，建议采用引种方案一，避免导致"小而全"的模式，而引种的费用也不是太高。

（四）引种时的注意事项

1．体型的误区

由于胴体性状是属于中等遗传力性状，高强度的选择可使遗传稳定。这样，如果育种工作者偏好选择体躯丰满，特别是臀部大的猪只，往往后代也是体型好。因此，体型好看，甚至生长速度快的种猪就容易被固定下来，对外供种。养殖户偏好体型好的种猪，公猪是无可厚非，如果是选择母猪那就要担心了。实际情况往往是体型好、瘦肉率高的母猪，有产仔性能低下、适应力差、淘汰率高等弊病。

2．种公猪的选择

选种时不单要看猪的体型外貌，同时要向种猪场索要系谱卡及其生产性能指标。

（1）生长速度。好的种公猪的日增重要在850克以上（体重30~100千克阶段），尽量要求提供其测定过的种猪。

（2）料肉比。好的种公猪的料肉比要求在2.7以下（体重30~100千克阶段）。

（3）瘦肉率。好的种公猪的瘦肉率要求在64%以上（体重100千克阶段）。

（4）其他。体长、背腰平直、臀部丰满、四肢粗壮，无包皮积尿，睾丸发育良好，体型左右匀称。

3. 种母猪的选择

主选繁殖性能。基于产仔性能的考虑，普遍认为母本的体型选择应该是体长、四肢粗壮，外阴及乳头发育良好，健康，气质好。

同时，在选种的时候，必须问清楚其育种群的规模以及育种群的平均产仔数。要求纯种母猪产仔数在10.5头以上，二元长大或大长母猪产仔数在11头以上，后备猪的利用率要求在92%以上。

（五）引种后要做的工作

1. 种猪隔离饲养

购进的种猪必须放在隔离区，隔离区可建在场内，但必须远离本场的养猪生产线和生活区。栏舍在种猪转入前必须彻底清洗、消毒并空栏7天以上，有固定的饲养员负责。人员的进出必须淋浴更衣，饲料、药品等独立分开。

种猪引进2周后，如表现健康，则可以赶入一些准备淘汰的老公猪或老母猪到隔离区。一方面，它们带有本场的特异性微生物，让新的种猪接触会产生轻度感染，产生特异性免疫。另一方面，它们作为"哨兵猪"，可以试探新种猪有无传染性疾病，如导致"哨兵猪"发生明显疾病，可适时采取相应措施。

2. 保健

为了避免营养性腹泻，在种猪进入后的头几天，不要喂过多的饲料。建议在种猪进入的1周内，在饲料中添加广谱抗菌素，如土霉素、

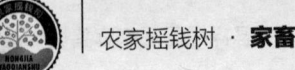

磺胺类药物、金霉素和泰乐菌素等。

3. 疫苗接种

引入新的种猪后，在 6 月龄前按本场的免疫程序进行免疫注射，针对本场较突出的疾病可加强免疫。特别注意，不要套用种猪场推荐的免疫程序。

第四章 猪的常用饲料
和饲料配合

一、猪的常用饲料

猪的饲料种类繁多，按国际通用的饲料分类法，将饲料分为能量饲料、蛋白质饲料、青绿饲料、粗饲料、矿物质饲料、青贮饲料、维生素饲料和添加剂等。现将猪常用的饲料分类简要介绍如下。

（一）能量饲料

所谓能量饲料，是指干物质中粗纤维含量低于18%，粗蛋白含量低于20%的饲料。能量饲料的消化能（代谢能）一般在每千克10.5兆焦以上。能量饲料一般是全价配合饲料中配比最大的一类原料。猪常用的能量饲料主要包括各种谷物子实（如玉米、小麦、高粱、稻谷等）及其加工副产品（米糠、麸皮等）和薯干类等饲料。

1. 谷物子实类

这类饲料属禾本科植物成熟的种子，其主要特点是：

（1）无氮浸出物含量高，占干物质的70%~80%，主要是淀粉，占82%~90%。无氮浸出物是谷物子实饲料的最主要养分；粗纤维含量低，一般在3%以下。消化率高，消化能一般在12.5兆焦/千克以上。

（2）蛋白质含量低，一般为8%~12%，蛋白质中品质较高的清蛋白和球蛋白含量低，而品质较差的谷蛋白和醇溶蛋白含量高。所以，蛋白质品质差，赖氨酸、色氨酸和苏氨酸含量较低，第一限制性氨基酸几乎都是赖氨酸。

（3）脂肪含量一般在2%~4%，燕麦脂肪含量较高，达到5%，麦类较低，一般＜2%。

（4）矿物质组成不平衡，钙少（＜0.1%）磷多（0.3%~0.5%），但主要是植酸磷，猪的利用率低。

（5）维生素含量低，且组成不平衡。维生素B_1和维生素E含量较丰富，除黄玉米含有较高的胡萝卜素外，普遍缺乏胡萝卜素和维生素D。

总的来说，谷物子实类饲料淀粉含量高、能值高、适口性好，但蛋白质含量低，氨基酸组成差。

谷物子实类饲料常用的有玉米、高粱、大麦、小麦、燕麦、稻谷和小米等。

(1) 玉米。玉米是养猪生产中最常用的能量饲料，产区分布广，产量高。含粗纤维很少，仅 2% 左右，而无氮浸出物含量高达 70% 以上，能值为 14.5 兆焦 / 千克以上，居各种饲料原料之首。适口性好，易于消化，有"饲料之王"的美誉。缺点是蛋白质含量低，仅 8.5% 左右，缺乏赖氨酸、蛋氨酸、色氨酸，矿物质和维生素含量不足。玉米含脂肪多，一般在 4% 以上，并且不饱和脂肪酸比例大，粉碎后易吸水结成块，酸败变质，不宜久储，夏季粉碎后宜在 7~10 天喂完。玉米入仓或进料时，多以整粒储存。玉米子实不易干，含水量高、易发霉，尤其被黄曲霉菌污染后，会产生黄曲霉毒素，对猪毒性很大。因此，原料储存仓库要通风、避光、干燥，尽量避免霉菌的生长。同时，入库时间较长的玉米应及时观察，立筒仓中的玉米定期倒仓。

(2) 高粱。高粱的营养成分比玉米略低，蛋白品质稍差，也缺乏胡萝卜素。高粱中含有单宁，有苦涩味，适口性差，喂量过多还易引起便秘，影响猪的繁殖力。但少量用于哺乳仔猪和断奶仔猪日粮，可减少腹泻。高粱的使用量一般以占日粮的 10% 以下为宜。

(3) 大麦和小麦。大麦含消化能比玉米低，蛋白质含量较高，为 11%~12%，品质也较好，赖氨酸、蛋氨酸和色氨酸含量比玉米略高。但大麦含粗纤维较高，消化率低于玉米。用大麦育肥的猪，体脂肪白而硬，肌肉品质好。通常饲粮中大麦的用量以不超过玉米用量的 50% 为宜。小麦的消化能比玉米略低，但蛋白质含量和品质比玉米高，粗蛋白含量可达 12% 以上，具有较好的适口性和消化性，但是由于小麦主要作为人类的食物，价格较高，一般情况下作为猪饲料性价比较低。而芽麦等品质较差的小麦则主要作为饲料用途，在猪饲料中使用时，需要注意小麦抗营养因子对消化率的影响，可添加相应的小麦酶改善其消化率和利用率。若小麦使用得当，在价格与玉米相当的情况下，附加值会高于玉米。特别需要注意的是新鲜的芽麦在消化能和氨基酸消化率上较正常小麦有所改善，但是 3 年以上的陈年小麦的营养价值会相应降低。

（4）稻谷。在南方产稻地区，常用脱壳的糙米、碎大米和大米粉作为猪的饲料。稻谷是谷实类饲料中产量最高的一种，由于它含有坚实的外壳，粗纤维含量高，一般在 8% 以上，因而能值较低，消化能（代谢能）仅为 10.5~10.8 兆焦／千克。稻谷所含蛋白质量与玉米接近。稻谷去壳后成为糙米，其营养价值大大改善，消化能（代谢能）在 13.8 兆焦／千克以上，粗纤维含量降至 1% 以下，且维生素含量丰富。与玉米类似，稻谷的储存水分应以不超过 14% 为宜。

2. 糠麸类

这类饲料主要是指谷实类的加工副产品，包括麦麸、米糠等。其主要营养特点是：粗纤维含量高，占 10% 左右；无氮浸出物含量少，占 40%~50%；粗蛋白含量较高，为 12%~15%，介于禾谷子实与豆类子实之间；粗脂肪含量较高，占 13% 左右；钙、磷含量严重不平衡，钙少磷多；维生素含量也不平衡，B 族维生素含量丰富，脂溶性维生素较缺乏。

（1）小麦麸。小麦麸简称麦麸或麸皮，其营养价值因面粉的精制程度不同而有所差异，小麦的出粉率越高，麦麸的粗纤维含量就越高，无氮浸出物的含量越低。麦麸一般含纤维 8.5%~12%，能量约为 11.9 兆焦／千克，粗蛋白含量较高，达 12%~19%。麦麸含丰富的维生素，尤其以维生素 E、维生素 B_1 和胆碱表现最为突出。麦麸含磷较多而钙不足，制作配合饲料时应特别注意补钙。麦麸具有轻泻作用，产后初期的母猪喂给麸皮粥，可以调节消化道机能，防止便秘，一般喂量为 5%~25%，肥育猪喂量为 10%~25%，仔猪不超过 10%。

（2）米糠。包括高粱糠、谷糠、稻糠等。米糠一般含粗蛋白 13%，脂肪 17%，粗纤维 6%，蛋白质品质比玉米好，含磷多于钙，钙、磷比例不平衡，还含有一定量的 B 族维生素。由于米糠脂肪含量高，储存时间长了易变质。肥育猪饲喂过多，易使胴体脂肪变黄和变软，幼猪饲喂过多，易引起腹泻。米糠在配合饲料中的比例，仔猪和肥育猪不超过 10%，其他成年猪不超过 30%。

（二）蛋白质饲料

凡粗纤维含量低于 18%、粗蛋白含量在 20% 以上的饲料叫蛋白质饲料。蛋白质饲料是养猪生产中的主要饲料之一，常用的有植物性蛋白质饲料、动物性蛋白质饲料及单细胞蛋白质饲料 3 大类。

1. 植物性蛋白质饲料

植物性蛋白质饲料是蛋白质饲料中使用最多的一类，主要包括豆科子实类、饼粕类、糟渣类等。植物性蛋白质饲料的主要特点：一是粗蛋白含量高，一般在 20% 以上，蛋白质中的必需氨基酸含量较平衡，利用率较高；二是无氮浸出物含量低，30% 左右；三是粗纤维含量低，平均 7% 左右（但棉子类和油子类未脱壳生产的饼粕类，如未脱壳花生饼等，粗纤维含量超过 18%）；四是矿物质维生素含量不平衡，钙少磷多，B 族维生素含量丰富，胡萝卜素含量较多；五是豆科子实和饼粕类含有毒素，未脱毒饲用，易引起中毒。

（1）豆科类子实。常用作饲料的豆科类子实有黄豆、黑豆、蚕豆、豌豆等，其优点是蛋白质含量高（20%~40%），品质优良（赖氨酸含量接近 2%）。该类饲料含有多种抗营养因子，如抗胰蛋白酶、导致甲状腺肿的物质、皂素及血凝集素等，影响其适口性和消化率，甚至对猪具有毒害作用。但是，这些抗营养因子经适当加热就会失去作用。因此，这类饲料应煮熟饲喂为佳。在养猪生产中，豆科类子实一般不直接作为饲料，经提取油脂后所生产的饼类可作为饲料原料。

（2）饼粕类。这类饲料是油类子实提取大部分油脂后的剩余部分，是植物性蛋白质饲料的主要来源，包括豆饼（粕）、菜子饼（粕）、棉子饼（粕）、花生饼（粕）、芝麻饼（粕）、亚麻饼（粕）、椰子饼（粕）及棕榈饼（粕）等。其中，用量较多的是豆饼（粕）、菜子饼（粕）、棉子饼（粕）、花生饼（粕）等。

①豆饼（粕）。豆饼（粕）是饼（粕）类饲料中质量最好的蛋白质饲料，其主要特点是蛋白质含量高、品质好。粗蛋白含量达40%~50%，其中赖氨酸含量为 2.5% 左右。粗纤维含量低，为 5%~6%。能值高，消化能为 13.8~15 兆焦 / 千克。适口性好，易消化。其不足是

蛋氨酸、B族维生素及钙、磷含量较少，配合饲料时要注意补充。

生大豆中含有的抗胰蛋白酶、皂角素、血凝素等一些抗营养因子，在榨油过程中的高温高压作用下会被破坏。但是加热过度，又会使蛋白质的营养价值降低。品质良好的豆粕颜色应为淡黄色至淡褐色；太深表示加热过度，蛋白质品质变差；太浅可能加热不足，抗胰蛋白酶灭活不足，影响消化。使用前应进行半小时的蒸气热处理。

豆饼（粕）在猪饲料中的用量随猪的生理阶段不同而异，仔猪15%~25%；生长肥育猪前期10%~25%，后期6%~13%，不能过高，否则产生软脂肉；妊娠母猪配合饲料中用量为4%~12%，哺乳母猪10%~25%。

②棉子饼（粕）。棉子饼（粕）含蛋白质33%~44%，赖氨酸含量低，仅为豆饼的一半左右，粗纤维含量较高，一般14%左右。由于棉子饼粕中含有毒素，影响了它的广泛应用。

目前棉子饼（粕）的无毒品种和工业化脱毒尚未广泛推广，其应用主要有两条途径：一是限量使用，将游离棉酚控制在安全范围内。种猪、仔猪不宜饲喂，特别是怀孕、哺乳母猪尤应注意。二是进行脱毒处理，消除游离棉酚的潜在威胁。

③菜子饼（粕）。菜子饼（粕）是油菜子经机榨或预压萃取提油之后的副产品，其品质的优劣与油菜子的品种有密切关系。菜子饼（粕）的营养特点是：粗蛋白含量为35%~40%，低于豆饼（粕），且蛋白质的消化率较低，但蛋氨酸含量高于豆饼（粕）、棉子饼（粕）；粗纤维含量为12%~14%，约为豆饼（粕）的2倍；钙、磷含量较高，硒的含量是植物性饲料中最高的。菜子饼（粕）含有硫代葡萄糖苷、芥子碱和单宁等不良成分。硫代葡萄糖苷本身无毒，在一定环境条件下，经酶分解成噁唑烷硫酮和异硫氰酸盐，这些毒性物质在动物体内能抑制甲状腺激素分泌，使甲状腺肿大，从而影响增重。芥子碱和单宁等味辛辣，影响适口性，而且会降低蛋白质和氨基酸消化率。

合理利用菜子饼（粕）的途径有两条：一是限量饲喂，一般种猪、仔猪日粮中不超过5%，生长肥育猪日粮中不超过10%~15%，与豆饼

（粕）、棉子饼（粕）等饼（粕）类配合使用比单一使用效果好。二是进行脱毒处理。脱毒采用的方法有水浸法：将菜子饼（粕）用水浸泡数小时，再换水 1~2 次；坑埋法：将菜子饼（粕）用水混合后埋于土坑中 30~60 天，可除去大部分毒物。另外，还有硫酸亚铁处理法、碳酸钠处理法、加热法及微生物发酵法等。脱毒菜子饼（粕）对各类猪皆宜，可适当增加饲喂量。据报道，脱毒菜子饼（粕）在配合饲料中比例达到 16%~25%，对肥育猪无不良影响。

④花生饼（粕）。花生饼（粕）是指脱壳花生果去油后的油饼（粕）。花生饼（粕）的消化能（代谢能）是饼（粕）类饲料中最高的，可达 12.5 兆焦 / 千克以上，粗纤维含量为 5% 左右，粗蛋白含量可达 44%~47%。带壳花生饼（粕）的粗蛋白含量为 35% 左右，而粗纤维含量高达 18%。花生饼（粕）的蛋白质品质较大豆饼（粕）的差，赖氨酸、蛋氨酸含量均较低，但精氨酸含量高，有甜香味，适口性好。花生饼（粕）含不饱和脂肪酸较多，喂量不宜过多，一般生长肥育猪饲料中用量不超过 15%，否则易引起腹泻和软脂胴体；仔猪、繁殖母猪饲料的用量以不超过 10% 为宜。花生饼易发霉、酸败，产生黄曲霉毒素等有毒有害物质，故不宜久储，并需保持低温、干燥。发霉的花生饼（粕）绝对不能用作饲料。

（3）糟渣类。糟渣类是谷实类、块根块茎类的加工副产品，主要有粉渣、豆腐渣、酒糟、酱油渣、玉米面筋等。这类饲料的共同特点是，通过加工提走各种原料中的碳水化合物（主要是淀粉），残存物中粗纤维、粗蛋白与粗脂肪的含量均比相应原料提高，粗蛋白含量为 22%~40%，粗纤维含量为 7%~20%，每千克干物质的消化能为 13.8 兆焦左右。各种糟渣质量随原料和加工工艺不同而有较大差别。玉米面筋（淀粉生产工业的副产品）粗蛋白含量在糟渣类饲料中最高，达 42.9%，并含有大量的蛋氨酸、胱氨酸和亮氨酸。经过发酵的糟渣类含 B 族维生素较多。

①粉渣。粉渣是淀粉生产过程中的副产品，其主要成分是碳水化合物，缺乏蛋白质、维生素和矿物质。用粉渣喂猪必须与其他饲料原

料搭配使用，并注意补充蛋白质、维生素和矿物质等营养物质。在猪的配合饲料中，小猪饲料中粉渣用量不超过30%，中大猪不超过50%。干糟渣在哺乳母猪饲料中不宜添加过多，否则乳中脂肪变硬，易引起仔猪腹泻。鲜粉渣暴露在空气中，易发霉腐败，宜采用小型青贮窖储存。

②豆腐渣。豆腐渣干物质中粗蛋白和脂肪含量高，适口性好，消化率高。但因其含有胰蛋白酶抑制剂，宜煮熟饲喂。生长肥育猪饲粮中配入30%为宜，喂量过多会导致胴体脂肪恶化。为防止鲜豆腐渣腐败和酸败，宜加入5%~10%的碎秸秆青贮保存。

③酒糟。酒糟的营养价值因酿酒原料和酿造方法不同而有较大差别。一般粗蛋白、粗脂肪的含量相对较高，并含有较多的B族维生素。酒糟喂猪可用新鲜酒糟打成浆或加工成干酒糟粉。生长肥育猪饲粮中可加入新鲜酒渣20%，干酒糟粉宜控制在10%以内。含有大量稻壳的酒糟喂量应减半，喂量过多易引起便秘或酒精中毒。因酒糟中含有酒精，一般不宜喂仔猪和种猪。

④酱油渣。酱油渣含粗蛋白、粗纤维、粗脂肪和盐分较多，无氮浸出物和维生素缺乏。酱油渣适口性差，喂猪时应与其他能量饲料搭配，同时多喂青绿饲料。在生长肥育猪饲粮中不宜超过10%。因酱油渣含盐分多，应防止食盐中毒。

⑤玉米面筋。玉米面筋是在湿磨法制造玉米淀粉或玉米糖浆时，原料玉米除去淀粉、胚芽及玉米外皮后所剩下的产品。有蛋白质含量为40%以上和60%以上两种规格，蛋氨酸、胱氨酸和亮氨酸含量高，但赖氨酸和色氨酸不足，用量宜控制在5%以下。

2. 动物性蛋白质饲料

动物性蛋白质饲料主要包括鱼粉、肉骨粉、血粉、羽毛粉等。其主要特点：一是蛋白质含量高，一般在55%以上，蛋白质品质好，各种氨基酸含量较平衡，尤其是植物性饲料最缺乏的赖氨酸含量高，且易于消化。二是糖类含量少，几乎不含粗纤维，粗脂肪含量变化大。三是矿物质、维生素含量丰富，利用率高。动物性蛋白质饲料中

怎样经营好家庭猪场

钙、磷含量丰富，比例适宜。如鱼粉的钙含量达 5.4%，磷为 3.4%。B 族维生素含量丰富，特别是核黄素、维生素 B_{12} 含量相当高。除血粉外，一般核黄素含量达 6~50 毫克 / 千克；每千克干物质中，维生素 B_{12} 含量达 44~541.6 微克。此外，该类饲料还含有未知生长因子，能促进动物营养物质的利用。因此，动物性蛋白质饲料是一种优质蛋白质补充料。

（1）鱼粉。鱼粉是蛋白质饲料中品质最优、使用效果最好的一种，鱼粉的质量因鱼的来源和加工过程不同而有所差异。优质鱼粉粗蛋白含量为 60% 以上，且赖氨酸、蛋氨酸含量高，分别为 4.9% 和 2.5%，其他各种氨基酸都很齐全和平衡。在猪饲料中添加一定量的鱼粉，就会大大提高饲料的营养全价性和平衡性。鱼粉的价格较贵，一般在猪饲料中添加量比较少，仔猪为 8%~10%，种猪为 5%~6%，生长肥育猪前期为 0~8%，后期为 0~5%。通常使用的鱼粉有进口和国产两大类，其中进口的以秘鲁和智利鱼粉质量最好，粗蛋白含量达 62% 以上，食盐含量 3% 以下。国产鱼粉由于所用的杂鱼原料质量较差，粗蛋白含量多在 40% 以上，粗纤维含量高，且加盐过量，致使国产鱼粉质量差，在生产上受到很大限制。使用国产鱼粉时应注意检测，以防引起食盐中毒。即使是优质鱼粉，大量饲喂也会使猪肉带有鱼腥味，一般屠宰前 1 个月应停止饲喂。

鱼粉价格较贵，一些不法商贩常在鱼粉中掺杂使假，牟取暴利。因此，在购买鱼粉时要进行质量检查，可根据颜色与气味等进行感观检查，也可用显微镜检查，必要时要进行化学测试。

鱼粉含脂肪量较高而易酸败，在储藏过程中应注意通风干燥，防止发霉或者生虫。

（2）肉骨粉。肉骨粉是肉品加工的副产品，大部分是由不能食用的碎肉、肉屑、骨头、内脏等加工而成。正常的肉骨粉为褐色、灰褐色或浅棕色的粉状物。肉骨粉由于原料来源、加工方法及掺杂情况等不同，品质变化较大，粗蛋白含量为 45%~60%，矿物质含量丰富，钙、磷含量可达 8% 和 4%。肉骨粉所含蛋氨酸和赖氨酸比鱼粉含量

低，加之适口性较差。因此，在猪配合饲料中不宜将其作为唯一蛋白质来源，应与其他蛋白饲料搭配使用。在猪的饲粮中加入5%~10%为宜，而且多用于肥育猪及种猪，不宜用于仔猪。

（3）血粉。血粉是屠宰场的畜禽血液，经高温、压榨、干燥制成。血粉中粗蛋白含量为70%~80%，赖氨酸约含7%。血粉随加工方法不同，蛋白质的利用率也不同，如采用低温高压喷雾方法生产的血粉，赖氨酸的利用率可达80%~90%，而采用传统的干热加工方法，则赖氨酸的利用率只有50%左右。血粉的适口性差，溶解性差，消化率低，异亮氨酸缺乏。因此，在猪日粮中血粉用量应控制在5%以内。但经过微生物发酵可提高血粉中蛋白质的含量和消化率。在生长肥育猪饲粮中加入3%~5%的发酵血粉，可提高日增重9%~21%，并降低料肉比。血粉与饼粕类蛋白饲料搭配使用效果较好。

（4）羽毛粉。羽毛粉由家禽的羽毛制成，蛋白质含量高达86%，以胱氨酸为主，缺少蛋氨酸、赖氨酸和色氨酸等限制性氨基酸。羽毛粉蛋白质中含有很大比例的角蛋白，未经水解不能被猪利用，粗蛋白消化率为30%左右，水解后的羽毛粉蛋白质消化率可达80%~90%。因此，羽毛粉在猪日粮中应限量使用，生长肥育猪日粮中不宜超过5%，仔猪料中应限制使用。

3. 饲料酵母

将造纸厂废料、木材厂锯末、玉米穗轴、向日葵花托和棉子壳等进行水解处理，然后加入适量糖蜜作为培养基，接种酵母菌进行培养，最后将酵母菌体进行分离，烘干即成饲料酵母。酿酒、味精、淀粉、造纸、制糖等各种工业废液均可用于生产饲料酵母。饲料酵母蛋白质含量高，为48%~63%。在蛋白质组成中，赖氨酸含量高，占6%~8%，蛋氨酸、精氨酸、胱氨酸少；B族维生素丰富，每千克饲料酵母含维生素B_1为10毫克，维生素B_2为80毫克，维生素B_3为70毫克，维生素B_4为100毫克，维生素B_5为400毫克，维生素B_{12}为15毫克。含钙多，含磷极少。因此，在配合猪的饲粮时，应与饼粕搭配，并注意钙、磷平衡。生长肥育猪饲粮中前期配用酒精酵母6%，

后期 4% 左右，猪的日增重高，饲料利用率也较高。生长肥育猪饲粮中采用 5%~15% 的糖蜜酵母，增重速度优于豆饼、花生饼对照组。

（三）青绿饲料

青绿饲料是指富含水分和叶绿素的植物性饲料，这类饲料包括天然青草、人工栽培牧草、蔬菜类、作物茎叶类及水生饲料等。适合于喂猪的青绿饲料主要有苜蓿、苦荬菜、甘薯藤、水生青绿饲料以及蔬菜类等。青绿饲料的营养特点如下：第一，水分含量高，含75%~95%。第二，能值低，每千克鲜重含消化能 1.2~2.5 兆焦。第三，蛋白质含量较高，品质较好。以鲜样计，一般禾本科含粗蛋白1.5%~3%，豆科含 3.2%~4.4%；如按干样计算，禾本科的粗蛋白含量为 13%~15%，豆科高达 18%~24%。青绿饲料中含有丰富的赖氨酸，故其蛋白质品质优于谷类子实。第四，维生素含量丰富。尤其是胡萝卜素，在每千克青绿饲料中的含量可达 50~80 毫克，比谷类子实高几十倍。B 族维生素含量也很丰富，例如每千克青苜蓿中含硫胺素 1.5毫克、核黄素 4.6 毫克、烟酸 18 毫克。由此可见，青绿饲料是一种营养相对平衡的饲料。实践证明，在喂给全价配合饲料的同时，再加喂一些青绿饲料，养猪会获得更好的效果，特别是可提高种猪的繁殖性能。但是，由于青绿饲料水分和粗纤维含量高，喂多了易引起腹泻，且受季节、气候、生长阶段限制，种植、收割、储存费工费时，所以，在规模养猪生产中青绿饲料使用很有限，仅作为维生素补充饲料。目前在集约化猪场，使用添加多种维生素的全价日粮，一般不再喂给青绿饲料。但在广大农村，青绿饲料来源充足、便利、价格低廉，应在猪日粮中适量添加。用量为生长肥育猪饲料占 3%~5%（占日粮干物质的比例），后备母猪饲料占 15%~30%，怀孕母猪饲料占20%~50%，泌乳母猪饲料占 15%~35%。

（四）粗饲料

凡干物质中粗纤维含量在 18% 以上的饲料均属粗饲料，包括青干草、秸秆、秕壳等。粗饲料的一般特点是含粗纤维多，质地粗硬，适口性差，不易消化，可利用的营养较少。不同类型的粗饲料质量

差别较大。一般豆科粗饲料优于禾本科，嫩的优于老的，绿色的优于枯黄的，叶片多的优于叶片少的。秕壳类如小麦秸、玉米秸、稻草、花生壳、稻壳、高粱壳等，粗纤维含量高，质地粗硬，不仅难以消化，而且还影响猪对其他饲料的消化，在猪饲料中限制使用。青草、花生秧、大豆叶、甘薯藤、槐叶粉等，粗纤维含量低，一般在18%~30%，木质化程度低，蛋白质、矿物质和维生素含量高，营养全面，适口性好，较易消化，在猪的日粮中搭配具有良好效果。

在猪的日粮中提供适量的优质草粉，具有特殊的作用。例如，在繁殖母猪的饲料中加入5%~10%的优质草粉，可防止母猪过肥；在肥育后期的饲料中加入3%~4%的草粉，能控制猪对营养的采食量，使猪膘不至于过厚。仔猪饲料中添加2%的草粉，可防止腹泻。同时草粉还有利于促进肠道的蠕动，便于排便。因此，在广大农村应注意开辟优质草粉的原料资源。

（五）矿物质饲料

植物饲料所含的矿物质一般不能完全满足猪的需要，必须用矿物质饲料来补充。常用的矿物质饲料主要有食盐、含钙矿物质饲料和含磷矿物质饲料等。

1. 食盐

食盐不仅可以补充钠和氯，而且还可改善口味，增进猪的食欲。食盐在猪日粮中一般占0.5%为宜。

2. 含钙的矿物质饲料

生产中常用的有石粉、贝壳粉等。

（1）石粉。石粉又叫石灰石粉，是石灰石经过粉碎的细粉状矿物质饲料，其主要成分是碳酸钙，含钙量在38%以上。石粉来源广，价格低廉，动物对其利用率高，是补充钙的最廉价、最简单的原料。在选择石粉时应注意砷、锑、氟等有毒元素的含量，一般要求不超过10毫克/千克。

（2）贝壳粉。贝壳粉是用海边堆积的贝壳经清洗、粉碎制成，为灰白色或灰色粉末，主要成分也是碳酸钙，纯度要求在95%以上，

含钙量要求在 38% 左右。贝壳粉常夹杂沙石和沙砾，使用时应注意检查。

3. 含磷的矿物质饲料

常用的有骨粉、磷酸二氢钙、磷酸氢钙和磷酸钙。

（1）骨粉。骨粉是以家畜骨骼为原料，经蒸气高压灭菌后再粉碎而成的产品。一般含钙量不低于 17%，含磷量不低于 10%，符合猪对钙、磷的比例需要，尤其是其中的磷最易被肠道直接吸收。因此，骨粉是猪最理想的矿物质饲料。骨粉在粉碎前一定要经过高压蒸煮和脱脂处理，防止带有引起传染病的病毒或病菌，防止发生腐败。在购买骨粉时应注意选购消毒杀菌好、质量稳定的产品。

（2）磷酸氢钙和磷酸钙。磷酸氢钙又叫磷酸二钙，纯品为白色或灰白色粉末。国标（GB8258—87）规定，饲料级磷酸氢钙的质量标准是：磷含量不低于 10%，钙含量不低于 21%，含砷不超过 0.03%，含铅不超过 0.02%，含氟不超过 0.18%，细度要求 95% 通过 0.4 毫米标准筛。磷酸钙也叫磷酸三钙，纯品为白色、无臭的粉末，含磷 20%，含钙 38.7%，饲料级含氟量不超过 0.1%。

还有其他的矿物质饲料包括：

（1）天然沸石。天然沸石含有钙、钠、钾、铁、铜、镁等 20 多种矿物质常量和微量元素，这些元素大都以可溶性盐和可交换离子状态存在，易被猪吸收利用。天然沸石能吸附消化道中的氨、硫化氢，减轻消化道所受的不良刺激，促进饲料中含氮矿物质的吸收利用。据报道，生长肥育猪日粮中添加 3%~5% 的斜发沸石，日增重提高 31%，每千克增重的饲料消耗降低 19%。仔猪饲料添加沸石，可大大减少消化道疾病和肺炎的发生率，降低仔猪的死亡率；如在饲粮中加入 15% 的沸石粉，能治愈严重的仔猪腹泻病。妊娠母猪饲料中添加沸石粉，可提高活产仔数和降低新生仔猪死亡率。

（2）膨润土。膨润土具有非常显著的膨胀和吸附性能，能吸附大量的水分及有机物质，并含有钙、钠、钾、氯、镁、铁、铜、锌、锰、钴等矿物元素。在猪饲粮中添加膨润土，能提高仔猪成活率，促进肥

育猪生长和降低饲料消耗，在生长肥育猪饲粮中可添加 1%~2% 的膨润土。

（3）麦饭石。麦饭石含有家畜所需的常量元素和铜、锌、锰、碘、硒等部分微量元素，还含有锶、镍、钼、硅等微量元素，这些元素可被家畜直接利用，尤其是镍、钛、铜、硒等微量元素，能提高酶的活性和营养物质的利用率。麦饭石在家畜消化道内可选择性吸附细菌及有毒气体、有毒金属元素，减少畜禽疾病及应激，在猪饲粮中添加 3%~7% 的麦饭石，能显著提高猪的增重，降低饲料消耗和提高蛋白质消化率。

（六）添加剂

饲料添加剂是指配合饲料中加入的各种微量成分，其作用主要是完善日粮的全价性，提高饲料利用率，促进畜禽生长，防治畜禽疾病，减少饲料储存期间营养物质的损失以及改进产品品质等。猪饲料添加剂的种类很多，根据其化学成分和作用，分为营养性添加剂和非营养性添加剂两大类。饲料添加剂的特点：一是量小作用大，过量易中毒。在饲料中的添加量有可能仅为百万分之几，而且过量易引起中毒。因此，在使用饲料添加剂时应混合均匀，不能直接用于喂猪或直接加入饲料进行搅拌，必须先配成添加剂预混料，再供生产浓缩饲料和配合饲料。二是种类很多，用途专一。各种饲料添加剂有各自专一的用途，但某些营养性添加剂之间有相互协调、相互促进或相互抑制、相互颉颃的作用。因此，使用时必须注意选择。如维生素添加剂不能直接与微量元素添加剂混合，以免发生化学变化。三是化学稳定性较差。多数添加剂是利用生物技术和化学方法人工合成的，化学稳定性较差，遇光遇热发生化学变化。因此，一定要放在避光、阴凉、干燥通风处保存，保存时间一般不宜超过 6 个月。现将各种饲料添加剂简述如下：

1. 营养性添加剂

主要用于平衡日粮，包括氨基酸添加剂、维生素添加剂和微量元素添加剂。

（1）氨基酸添加剂。猪饲料中最容易缺乏的氨基酸是赖氨酸、苏

氨酸和蛋氨酸，因此，猪用氨基酸添加剂主要有赖氨酸、苏氨酸和蛋氨酸添加剂。赖氨酸和蛋氨酸都有 L 型和 D 型之分，但猪不能利用 D 型赖氨酸，添加赖氨酸应按 L- 赖氨酸的实际含量计算。有时为了减少蛋氨酸的消耗，还在日粮中加入胱氨酸。仔猪日粮中也常添加色氨酸添加剂。

（2）维生素添加剂。猪的维生素添加剂常用的有维生素 A、维生素 D_3、维生素 E、维生素 K_3 和维生素 B_1、维生素 B_2、维生素 B_3、维生素 B_5、维生素 B_{12} 及叶酸和氯化胆碱等。生产中多采用复合添加剂形式配制。使用维生素添加剂时，应注意其生物学效价与稳定性。如维生素 A 的人工合成制剂生物学效价可达 100%，而鱼肝油中维生素 A 生物学效价为 30%~75%。在 25℃ 条件下，预混料中的维生素 A 在 16 周后损失达 56%，维生素 B_2 和维生素 B_5 在 27 周后损失分别达 54% 和 90%。因此，在配制添加剂时，对稳定性差的维生素应加大配入量，还应加入防氧化剂。

（3）微量元素添加剂。目前养猪生产中添加的微量元素主要有铁、铜、锰、锌、钴、硒和碘等，一般要以复合无机矿物盐形式添加，常用的化合物有硫酸亚铁、氧化铁、硫酸铜、硫酸锌、硫酸锰、氧化锰、硫酸钴、亚硒酸钠、硒酸钠和碘化钾等。添加量以饲养标准中规定的量为准，基础饲料中所含微量元素可以忽略不计。

2. 非营养性添加剂

这类添加剂包括抗生素、抗菌药物、酶制剂以及其他促生长物质，主要作用是促进动物生长，提高饲料利用效率，改善动物健康。

（1）抗生素。猪日粮中添加低浓度抗生素或抗菌药物可以增进健康，提高日增重和饲料报酬。生长肥育猪饲粮中添加该类添加剂，日增重提高 10%~20%，耗料减少 10% 左右。为避免药物残留，应在屠宰前按照休药期停止使用。

（2）酶制剂。常用的饲料酶制剂有 α - 淀粉酶、β - 淀粉酶、葡聚糖酶、蛋白酶、纤维素酶、脂肪酶及复合酶等。酶的作用有高度的专一性，使用效果依酶的种类、活性、添加量、猪的年龄、日粮组成

等而不同。饲料中的酶通常与保护剂在一起，防止在胃中被破坏，便于在小肠中发挥作用。消化酶使用最有效的时期在 6 周龄之前，因为这一阶段消化道处于成熟过程中，产生的消化酶不能完全消化饲料中的营养物质。据报道，早期断奶仔猪日粮中添加复合酶制剂，可提高日增重 25%，减少饲料消耗 15.5%。

（3）保健驱虫添加剂。驱虫药物添加剂如硫化二苯胺、驱蛔灵、左旋盐酸四咪唑等，可防治猪的寄生虫病。

（4）饲料保存添加剂。包括抗氧化剂和防霉剂。抗氧化剂常用的有乙氧喹啉（又称乙氧喹，商品名为山道喹）、丁羟甲苯、丁羟甲氧基苯、柠檬酸、磷酸等，其中以乙氧喹的效果较好，用量以不超过 15 毫克 / 千克为宜。抗氧化剂可防止或减慢饲料中易于氧化的养分，如油脂、脂溶性维生素的氧化分解过程。为了防止饲料的霉变，常在饲料中加入防霉剂。常用的有丙酸钠和丙酸钙，其加入量分别为 2.5 毫克 / 千克和 5 毫克 / 千克。

（5）其他添加剂。如颗粒饲料的黏合剂（常用膨润土和膨润土钠）、调味剂（如甘草精、茴香油）、着色剂、防尘剂和防潮剂等。

二、猪的饲料配合

不同种类的猪或同一种类的猪在不同的生长发育阶段所需的养分种类及数量不同，营养不足或过度均不利于猪的健康与生产性能的发挥。不同的营养物质和不同的饲料都有着不同的特点和功用，没有任何一种饲料能够满足猪的营养需要。饲料配合的目的，就是根据猪在不同生长发育阶段的营养需要，选用最合理、最经济的原料组成饲料，既要充分发挥营养物质的作用与猪的生产潜力，又要符合经济生产的原则，以获得数量多、质量好、成本低的产品，取得最大的经济效益。

（一）合理配料的原则

（1）动物之所以能健康生长，并产肉、乳、蛋、毛等，全靠从饲料中吸取各种营养。饲料要多样化，并合理配合，使动物获得比较全

面的营养。某种营养成分过高或缺乏对动物生长都不利。

（2）饲料的种类很多，按其所含主要营养成分可划分为能量饲料、蛋白质饲料、其他饲料 3 大类。现在饲料工业发展很快，生产厂家都针对不同动物种类及同种动物的不同生长阶段的营养需要而配制生产出各种配合饲料，如乳猪料、肉猪前期料、肉猪后期料等，养猪户可根据需要选购或购买原料自行配制。在采购应用配合饲料时，首先应了解各种饲料的基本组成。饲料店出售的饲料一般有以下类别：①饲料添加剂。为提高饲料利用率，改善饲料品质，促进动物生长，保障动物健康而掺入在饲料中的少量或微量的营养性或非营养性物质，有微量元素添加剂、维生素添加剂、防病药物添加剂、中草药添加剂等，或综合性的添加剂。②预混料（又称预配料）。一种或多种饲料添加剂与载体或稀释剂按一定比例配制均匀的混合物。③浓缩料。是由添加剂预混料和蛋白质饲料以及常量矿物质配制而成的均匀混合物。④混合料。由能量饲料、蛋白质饲料以及常量矿物质配制而成的均匀混合物。⑤全价料。又叫全价配合饲料或全日粮配合饲料，它是由能量饲料、蛋白质饲料、矿物质饲料以及各种添加剂所组成。全价料所含的各种营养成分均衡全面，某种畜禽某生长阶段的全价料，即可直接用于喂养某生长阶段的某种畜禽，除饮水外无需再加其他饲料。如果用猪用浓缩料喂猪，则需要按比例加入能量饲料和部分青绿饲料后才喂猪，因该饲料没有包含能量饲料。

（3）饲喂方式宜改熟喂为生喂，生猪吃生食省柴火、省劳力，生喂不破坏饲料里的营养成分。采用配合饲料"一条龙"育肥法，特点是不"吊架子"。仔猪断奶后到出栏，分两段时期饲料：前期（20~60 千克）饲料营养水平为每千克日粮含消化能 13.5 兆焦，粗蛋白 16%；后期（60~100 千克）相应为 12.6 兆焦和 14%。一般农户比例的市售浓缩料，肉猪参考配方：①前期：玉米或稻谷粉 50%，糠饼 20%，麦麸或机米糠 10%，浓缩料 20%；②后期：玉米或稻谷粉 50%，糠饼 20%，麦麸或机米糠 15%，浓缩料 15%。若完全自己配制，则玉米或稻谷粉 50%~60%，细糠料或糠饼 20%~30%，菜子粕、棉子

粗糠 5%~8%，豆粕 5%~6%，鱼粉 2%~4%，矿物质添加剂 1%，食盐 0.35%。实际配料时，可根据具体情况测算调整各原料比例。青绿饲料的用量与配合饲料按 1∶1 投喂，并均为生喂，另给充足的清洁饮水。

（二）猪的饲养标准

饲养标准即营养需要量，是指根据生产实践中积累的经验和大量科学实验，科学地规定了不同畜种、性别、年龄、体重、生产目的与生产水平的家畜，每头每天应给予的能量、蛋白质、矿物质、维生素等各种营养物质的数量。饲养标准一般包括畜禽的营养需要量、供给量以及畜禽常用饲料的营养价值。世界各国甚至某些地区都制订了适合各自畜牧业生产水平的饲养标准，如美国的 NRC 饲养标准，英国的 ARC 标准等，这些标准内容基本大同小异，可以互相借鉴。饲养标准是科学配制畜禽日粮的依据，但饲养标准中规定的营养供给量只是一定试验条件下的平均值，只具有相对普遍的代表性。由于各地猪的品种、生产性能、饲料状况、饲养条件不同且经常变化。所以，在具体应用时，可根据实际条件及饲养效果适当调整。

（三）猪饲粮配合的方法

饲养标准规定了在一定生产水平条件下每天供给 1 头猪的各种营养物质需要量，但在实际生产中，不是对每头猪逐个进行日粮（指每头猪一昼夜所采食的数量）配合，而是将生产阶段大致相近的猪群，根据体重、年龄、生理状况及生产性能等，选择具有代表性的个体，以它们为标准，进行配合。因此，一般称之为饲粮（指按日粮饲料的比例配制大量的混合饲料）配合。

1. 饲粮配合的原则

（1）必须以饲养标准为基础，还应结合当地具体情况，灵活应用、酌情修正。

（2）首先满足猪对能量的需要，在此基础上再考虑蛋白质、矿物质和维生素的需要。

（3）要因地制宜，因时制宜，尽量就地取材，选用来源广泛、营

养丰富、价格低廉的饲料原料。

（4）要注意日粮的适口性，避免选用有毒、发霉、变质的饲料。

（5）要注意考虑猪的生理特点及生理状况，选用适宜的饲料。

（6）要注意配合饲料单位重量体积的大小，既要满足猪对营养物质的需要，又要让猪吃得下、吃得饱。

（7）饲粮组成力求多样化，发挥营养物质的互补作用，使营养更加全面。

2. 饲粮配合的方法

饲粮配合方法很多，有试差法、方形法、代数方程法、计算机配制法。这里主要介绍试差法。

试差法又称增减法，这种方法比较简单实用，容易掌握。此法是根据猪饲粮的一般配比量，先将各种原料拟定一个大概配方，然后按饲料营养成分及营养价值表计算配方中各饲料的养分含量，最后将计算的养分分别加起来与饲养标准对照，看是否符合或接近。如果某种营养不足或过量，则需对配方进行调整，如此反复，达到饲养标准规定要求为止。

现将体重为 20~60 千克生长肥育猪配合日粮举例如下：

第一步，查阅猪的饲养标准表。得知生长肥育猪 20~60 千克阶段的主要营养物质需要量为每千克饲粮含消化能 12.97 兆焦、粗蛋白 16%、钙 0.6%、磷 0.5%。

第二步，初步拟定配方。根据当地饲料资源、价格及各类饲料常规比例，初步拟定饲料配方：玉米 55%，高粱 8%，麦麸 14%，豆饼 13%，秘鲁鱼粉 5%，槐叶粉 4%，骨粉 0.7%，食盐 0.3%。

第三步，查猪的饲料成分及营养价值表，得知所用原料所含的营养成分。

第四步，计算初配日粮养分，并与饲养标准相比较。

第五步，与标准比较，如果仍差异较大，再继续调整；如果差值不超过 ±5%，则可确定配方。

三、采购原料的常识

购买原料时必须做到"眼看、手摸、鼻闻、口尝",确保购买到优质、新鲜的原料。

(一)玉米

1. 成分要求

水分 ≤ 14%,粗蛋白 ≥ 8.5%,黄曲霉毒素 ≤ 50 微克/千克。

2. 外观要求

金黄色,颗粒饱满均匀,无异味、虫蛀、霉变。通常凹玉米的色泽比硬玉米浅。

3. 收贮情况及质量

(1)自然晒干的玉米,质量较好。

(2)烘干玉米。收割时立即进行机械干燥的玉米,质量较好。如果收割后储存一段时间,由于气候等原因可能霉变才拿去烘干的玉米,其胚芽上有霉变黑点,质量较差。贮备玉米,贮备时间越长品质越差。

4. 不同玉米加工后的区别

自然晒干玉米,粉碎后为金黄色,有甜香味。烘干玉米和贮备玉米,粉碎后颜色较淡,而且较易粉碎,粉尘多。

5. 重量的区别

相同容积的玉米,自然晒干的比烘干或贮备的玉米重。

(二)小麦麸

1. 成分要求

水分 ≤ 13%,粗蛋白 ≥ 14%,黄曲霉毒素 ≤ 30 微克/千克,粗灰分 ≤ 4.5%。

2. 外观要求

呈粗细不等的片状,不应有发热、结块、虫蛀、霉变、异味等现象,依小麦品种不同呈淡黄褐色至略带红色。

3. 产地和加工情况及质量

(1)小麦加工面粉率越高,小麦麸的营养价值、能值及消化率则越低。

（2）本地加工的新鲜度较好；外省（车皮）由于运输及车皮日晒雨淋等原因，新鲜度可能较差。在高温高湿条件下，更易变质，购买时应特别注意。

（3）粗细受筛孔大小的影响。

（三）豆粕

1. 成分要求

水分≤13.5%，粗蛋白≥44%，黄曲霉毒素≤50微克/千克，尿素酶活性在0.05~0.5。

2. 外观要求

正常加工的豆粕颜色较浅或呈灰白色，有豆腥味（生黄豆的味道）；加热或呈灰白色，有豆腥味（生黄豆的味道）；加热过度为暗褐色（蛋白质和氨基酸已发生变化）。

3. 品质判定

加热不足（太生）时，其粗蛋白相对利用率低、消化不良，易引起腹泻；加热过度，会导致赖氨酸等必需氨基酸的变性而影响饲用价值，猪食用后生长速度缓慢。

（四）菜子粕

1. 成分要求

水分≤9%，粗蛋白≥36%，异硫氢酸酯≤4 000微克/千克。

2. 外观要求

新鲜、无结块、无霉变、无异味。

（五）棉子粕

1. 成分要求

水分≤9%，粗蛋白≥40%。

2. 外观要求

新鲜、无结块、无霉变、无异味、无棉绒、无棉壳。

（六）优质鱼粉

1. 成分要求

水分≤10%，粗蛋白≥60%，脂肪≤7%~10%，灰分≤18%，盐

分≤3.5%。不得检出沙门菌和大肠杆菌等。

2．外观要求

加工良好的鱼粉可见丝，不应有加工过热的颗粒及杂物，也不应有虫蛀、结块现象。鱼粉颜色随鱼种不同而异，沙丁鱼或鳀鱼鱼粉呈黄棕色，如秘鲁鱼粉。鱼粉加热过度或含脂较高者，颜色加深。正常的鱼粉具有烤香味，但不应有酸败、氨臭等腐败味及过热后的焦糊味。鱼粉质量的关键是原料的新鲜程度、蒸煮时间和干燥温度。颜色浅、蛋白质含量高，粗脂肪、粗灰分、盐分等含量低，则其品质较好。

3．采购鱼粉时应注意的问题

（1）掺杂掺假问题。掺杂物有尿素、棉子粕、血粉、羽毛粉、锯末、花生壳、沙砾、皮革粉、蹄角粉、虾头蟹壳粉等，目前最隐蔽的掺假物是高蛋白氮（尿素＋甲醛的混合物）。因此，在购货时必须进行检测。

（2）食盐含量问题。鱼粉中的食盐含量不能过多，国产鱼粉要特别注意盐分偏高的问题。

（3）发霉变质问题。由于鱼粉是高营养饲料，故在高温高湿条件下极易发霉、腐败，甚至出现自燃现象。因此，应严格检测鱼粉中的细菌、霉菌及有害微生物的含量。

（4）氧化酸败问题。脂肪含量多的鱼粉易氧化生成醛、酸、酮等物质。鱼粉变质会发臭，适口性和品质显著降低。因此，鱼粉中的脂肪不能超过12%。

（七）全脂大豆

全脂大豆富含蛋白质、油脂、矿物质和维生素，具有极高的营养价值，质优价廉，氨基酸平衡性好。全脂大豆膨化后，是配制乳猪料和哺乳母猪料的重要高能量、高蛋白饲料原料，可提高仔猪的采食量，提高养分消化率，减轻过敏反应，加快生长速度，有利于改善仔猪的生长性能和哺乳母猪的泌乳能力。在断奶仔猪料和哺乳母猪料中建议添加量为6%~24%。

膨化大豆的生产工艺有湿法和干法之分，其主要区别在于感官、膨化程度、香味和水分等方面（见表4-1）。

表4-1　湿法和干法膨化大豆的区别

生产工艺	颗粒大小	手感	水分（%）	豆香味
湿法膨化大豆	较细	较软	10%~12%或更高	较淡
干法膨化大豆	较粗	较硬	7%左右或更低	较浓

膨化大豆的蛋白质和脂肪含量因原料产地不同而异，两者含量一般呈负相关（见表4-2）。

表4-2　国产和进口膨化大豆的区别

不同产地	蛋白质含量	脂肪含量	色泽	备注
国产膨化大豆	36%~38%	17%~19%	金黄色	色泽除因大豆品种、产地区别外，还与杂质含量有关，杂质多则颜色偏暗
进口膨化大豆	34%~36%	19%~21%	较暗	

目前市场上出现掺入膨化玉米、玉米胚芽或豆粕的掺假膨化大豆。所以，在采购膨化大豆时应从以下几点进行鉴别：

（1）询问膨化大豆的原料，是进口大豆还是国产大豆。

（2）询问膨化大豆的加工工艺，是湿法还是干法。

（3）要求膨化大豆供应商提供蛋白质、脂肪含量和尿酶活性等指标。

（八）米糠

俗称"青糠"、"全脂米糠"或"细糠"，是糙米精加工过程中脱除的果皮层、种皮层及胚芽等混合物，并且混有少量碎米。米糠占稻谷总重的7%~9%，呈淡黄灰色，色泽新鲜一致，无酸败、霉变、结块、虫蛀、异味等。

优质米糠应新鲜，无异味（油脂味），水分≤13%，尝时有甜味、无残渣，粗蛋白≥12.5%，不掺有谷皮糠（粗糠）等杂物。品质差的米糠则不新鲜，有异味，掺有粗糠。

掺假米糠简单鉴别方法：用一张白纸把米糠放置其上，用手一按，放开手，观察其表面上是否有粗糠，若放开手米糠表面很光滑，加上尝时很甜、无残渣，则说明没有掺假；若米糠表面很粗糙，则说明有掺假。

由于米糠油脂含量高（10%~18%），不易储存，故夏天应慎用。使用时越新鲜越好，使用越快越好。

（九）小麦

饲用小麦应颗粒整齐，色泽新鲜一致，无杂质、发酵、霉变、结块、异味异嗅、虫蛀等，水分≤13%，粗蛋白≥12.5%。

熏蒸小麦应慎用。

（十）石粉

必须为石灰石粉和大理石石粉，不能为白云石粉（吸收率差）。钙≥37%，镁≤0.2%。石粉质量参差不齐，每批必须送检。

（十一）贝壳粉

钙≥30%，水分≤5%，应注意新鲜度，不能有霉味。

（十二）磷酸氢钙

钙21%~23%，磷≥17%，氟≤0.18%，砷≤0.004%，铅≤0.003%。

（十三）乳清粉

乳糖≥80%，粗蛋白≥3%，盐分≤3.5%，主要用于生产乳猪料。

第五章　猪场生产管理

一、猪场的岗位职责

以层层管理、分工明确、场长负责制为原则。具体工作专人负责，既有分工又有合作，下级服从上级，重要事情必须通过场领导班子研究决定。

（一）场长的工作职责

（1）负责猪场的全面工作。

（2）负责制定和完善本场的各项行政管理制度。

（3）负责后勤保障工作，及时协调各部门之间的关系。

（4）落实和完成下达的各项任务。

（5）编排全场的经营计划及物资需求计划。

（6）负责检查全场的生产报表，做好月结和周上报工作。

（7）做好全场员工的思想工作，及时了解员工的思想动态，出现问题及时解决，及时向上级反映员工的意见和建议。

（8）监督、检查全场生产情况、员工工作情况和卫生防疫情况。

（二）生产主管（或场长助理）的工作职责

（1）负责全场的生产技术工作。

（2）负责制定和完善本场的饲养管理技术操作规程、卫生防疫制度和有关生产线的管理制度，并组织实施。

（3）直接管辖场内的生产技术，具体编排全场的生产计划、防疫计划，组织区长、组长实施，并对实施结果及时检查汇报。

（4）负责全场的生产报表工作，随时做好统计分析，及时发现问题并解决问题。

（5）协助场长做好其他工作。

（三）生产区（或线）区长的工作职责

（1）负责本区全面工作。

（2）负责本区的日常管理工作，编排生产计划，组织和落实各项生产任务，确保生产线满负荷的正常运转。

（3）负责本区员工的管理，及时向上级反映本区员工的工作情况、思想动态、意见和建议。

（4）负责检查和监督本区的生产情况和操作规程的执行情况，充分了解本区的猪群动态、健康状况，发现问题及时解决。

（5）负责按照制定的免疫程序，组织和安排人员实施。负责本区大环境的卫生和消毒工作。

（6）负责本区每周的饲料和药液用具等的物质管理，按照要求整理有关记录和报表，月底做好总结分析，及时上报各项报表。

（7）负责本区员工的学习交流和技术培训工作。

（四）配种妊娠舍组长兼配种员的工作职责

（1）负责组织本组人员严格按照饲养管理技术操作规程和每周工作日程进行生产。

（2）及时反映本组中出现的生产和工作问题。

（3）负责整理和统计本组的生产报表、数据，并及时补打耳号牌。

（4）安排本组人员的休息和顶班。

（5）负责本组药品、用具的领取和猪只的盘点。

（6）负责本组定期全面的消毒、清洁和绿化工作。

（7）服从区长领导，完成区长下达的各项生产任务。

（8）负责生产线配种工作，保证生产流程满负荷均衡生产。

（9）负责本组种猪转群调整工作。

（10）负责本组种猪的免疫接种工作。

（五）分娩舍组长的工作职责

（1）负责组织本组人员严格按饲养管理技术操作规程和每周工作日程进行生产。

（2）及时反映本组中出现的生产和工作问题。

（3）负责整理和统计本组的生产报表、数据，并及时补打耳号牌。

（4）安排本组人员的休息及顶班。

（5）负责本组药品、用具的领取及猪只的盘点。

（6）负责本组定期全面的消毒、清洁和绿化工作。

（7）服从区长领导，完成区长下达的各项生产任务。

（8）负责每个单元进猪前设备的检修工作，确保进猪后一切设备正常运转。

（9）负责分娩舍空栏的冲洗消毒工作，并安排每次转猪后走猪道的清洁工作。

（10）负责本组每周仔猪的转群及调整工作，负责哺乳母猪、仔猪的免疫注射工作。

（六）保育舍生产组长的工作职责

（1）负责组织本组人员严格按照饲养管理技术操作规程和每周工作日程进行生产。

（2）及时反映本组中出现的生产和工作问题。

（3）负责整理和统计本组的生产报表、数据，并及时补打耳号牌。

（4）安排本组人员的休息及顶班。

（5）负责本组药品、用具的领取及猪只的盘点。

（6）负责本组定期全面的消毒、清洁和绿化工作。

（7）服从区长领导，完成区长下达的各项生产任务。

（8）做好断奶仔猪转入及仔猪上市工作。

（9）负责保育舍空栏的冲洗消毒工作，并安排每次出猪后走猪道的清洁工作。

（10）负责各单元进猪前设备的检修工作，确保进猪后一切设备正常运转。

（七）辅助配种员兼种猪饲养员的工作职责

（1）协助组长做好配种、种猪转群及调整工作。

（2）协助组长做好公猪、空怀断奶母猪和后备猪的免疫接种工作。

（3）负责大栏内种猪的饲养管理。

（八）妊娠母猪饲养员的工作职责

（1）协助组长做好妊娠母猪转群及调整工作。

（2）协助组长做好妊娠母猪免疫注射工作。

（3）负责妊娠母猪的饲养管理和卫生工作。

（九）哺乳母猪和哺乳仔猪饲养员的工作职责

（1）协助组长做好临产母猪转入和断奶母猪转出工作。

（2）协助组长做好仔猪的转出工作。

（3）负责母猪和仔猪的饲养管理及卫生工作。

（4）协助组长做好母猪和仔猪的免疫接种工作。

（十）保育猪饲养员的工作职责

（1）协助组长做好断奶仔猪的转入及仔猪的上市工作。

（2）负责2个单元的仔猪的饲养管理及卫生工作。

（3）协助组长做好仔猪的免疫接种工作。

（十一）夜班人员的工作职责

（1）重点负责分娩舍接产及仔猪护理工作。

（2）负责本线猪群防寒保暖、防暑降温及通风工作（负责帘幕的升降，门窗、风扇及保温灯的开关）。

（3）负责本线防火防盗等安全工作及路灯、照明灯的检修工作。

（4）负责本线注射接产用具的消毒及更衣室门口消毒水的更换工作。

（5）负责哺乳母猪和仔猪的夜间补料工作，并做好值班记录。

（十二）水电工的工作职责

（1）保证全场水电的正常供应。

（2）无论水电何时出现故障，均应及时修好并恢复生产。

（3）保证全场各种电器的正常运转。

（4）负责全场水电设备与猪舍设备的维修及检修工作。

（5）负责全场水电的安全生产。

（十三）仓库管理员的工作职责

（1）严格遵守公司财务人员守则。

（2）物资进库时要办理验收入库手续。

（3）物资出库时要办理出库手续。

（4）所有物资要分门别类地堆放，做到整齐有序、安全、稳固。

（5）每月盘点1次，如账务不符的，要马上查明原因，分清职责，

若失职造成损失要追究其责任。

（6）协助出纳员及其他管理人员工作。

（7）协助生产线管理人员做好药物保管、发放工作。

（8）协助猪场销售工作。

（9）负责饲料、药物、疫苗的保存与发放，听从生产线管理人员的技术指导。

（十四）出纳员（电脑操作员）的工作职责

（1）严格执行公司制订的各项财务制度，遵守财务人员守则，把好现金收支手续关，凡未经领导签名批准的一切开支，不予支付。

（2）严格执行公司制订的现金管理制度，认真掌握库存现金的限额，确保现金的绝对安全。

（3）做到日清月结，及时记账，输入电脑，协助公司会计的工作。

（4）每月8日发放工资。

（5）负责仔猪、淘汰猪等的销售工作，保管员要积极配合。

（6）配合生产管理人员物资采购工作。

（7）负责电脑工作，有关数据、报表及时输入电脑，协助生产管理人员的电脑查询工作，优先安排生产技术人员的查询工作。

（8）负责电脑维护与安全，监督和控制电脑的使用，有权禁止与电脑数据管理无关人员进入电脑系统，保障各种生产与财务数据的安全性与保密性。

（9）协助场长做好外来客人的接待工作。

（十五）运输人员的工作职责

（1）及时将各栋猪舍所需的饲料送到猪舍，并将各猪舍饲料空袋运回仓库。

（2）及时将各组所需药物运送到生产线药房。

（3）负责订购、收购及保管饲料。

（4）依据本场制定的调猪（后备猪、断奶仔猪）计划，按时、按量调完。

（5）按时准确地将死淘猪调到指定位置。

（6）每天定时将胎衣运到解剖室。

（7）及时将生产线猪粪池的猪粪运到外售粪池。

（8）每次调猪前后，均应对车辆进行消毒，平时每周一和周四进行车辆消毒。

（十六）厨房人员的工作职责

（1）按时提供卫生可口的饭菜。

（2）按时对饭堂及厨具进行清洁消毒。

（3）做好饭堂的灭蝇、灭蚊、灭鼠等工作。

（4）如因故需延迟下班的人员的饭菜要留足并保暖。

（5）随生产线工作时间的改变而改变开饭时间。

（6）食堂财务要公开，互相监督，不准营私舞弊，每月底结算1次伙食费，并交场长审阅，每月底将本月经营数据在黑板上公布。

（十七）保安人员的工作职责

（1）依法护场，负责猪场治安的保卫工作，确保猪场有一个良好的治安环境。

（2）服从场领导的工作安排，负责与当地派出所的工作联系。

（3）工作时间内不准离场，坚守岗位。除场内巡逻时间外，平时在正门门卫室值班。请假须报场长批准。

（4）禁止社会闲散人员进入猪场。

（5）协助场长调解猪场与当地村民的矛盾。

二、猪场的管理制度

（一）猪场的生产例会与技术培训制度

为了定期检查、总结生产上存在的问题，及时地研究解决方案；有计划地布置下一阶段的工作，使生产有条不紊地进行；提高饲养人员、管理人员的技术素质，进一步提高全场的生产管理水平，特制定生产例会和技术培训制度如下。

1. 全体员工参加的生产会议

每月1次，该会由场长主持，每月的9日或10日晚上7: 30开始，传达公司干部例会会议精神，总结本月经营状况、生产中存在的问题以及下个月的工作安排。

2. 生产线管理人员的生产例会

每周1次，总结本周工作，安排下周工作。该会由生产技术主管主持，时间为每周周日晚上 7：00~8：30。

3. 每周生产例会的程序安排

（1）组长汇报工作，提出问题。

（2）区长汇报、总结本区工作，提出问题。

（3）主持人全面总结上周工作，解答问题，统一布置下周的重要工作。

（4）最后请场长讲话。

4. 对每周生产例会的要求

（1）会前组长、区长和主持人要做好充分准备，重要问题要准备好书面材料。

（2）对于生产例会上提出的一般性技术性问题，要当场研究解决，涉及其他问题或较为复杂的技术问题，要在会后及时上报、讨论研究，并在下周的生产例会上予以解决。

（3）凡是生产线管理人员均要准时参加生产例会。

5. 技术培训

按生产进度或实际生产情况进行有目的、有计划的技术培训，由场内管理人员或公司生产技术部人员主讲。时间为每周周六晚上 7：00~8：00。

（二）猪场物资与报表管理制度

（1）物资管理制度。首先要建立进销存账，由专人负责，物资凭单进出仓，要货单相符，不准弄虚作假。生产必需品如药物、饲料、生产工具等要每月制定计划上报，各生产区（组）根据实际需要领取，不得浪费。要爱护公物，否则按公司奖罚条例处理。

（2）猪场报表。报表是反映猪场生产管理情况的有效手段，是上级领导检查工作的途径之一，也是统计分析、指导生产的依据。因

此，认真填写报表是一项严肃的工作，各猪场场长、生产技术人员应予以高度的重视。各生产组长做好各种生产记录，并准确、如实地填写周报表，交给上一级主管，查对核实后，及时送到场部输入电脑。

猪场生产报表主要包括：①每周生产情况汇总报表；②种猪配种情况周报表；③分娩母猪及产仔情况周报表；④断奶母猪及仔猪生产情况周报表；⑤种猪死亡淘汰情况周报表；⑥肉猪死亡及上市情况周报表；⑦猪群盘点月报表；⑧猪群生产技术工作总结月报表；⑨饲料需求计划月报表；⑩药物需求计划月报表；⑪生产工具等物资需求计划月报表。

（三）猪场的卫生防疫制度

为了做好商品猪场的卫生防疫工作，确保养猪生产的顺利进行，向用户提供优质健康的仔猪，必须贯彻"预防为主，养防结合，防重于治"的方针，杜绝疫病的发生。

1. 猪场分生产区及非生产区

生产区包括养猪生产线、出猪台、解剖室、流水线走廊、污水处理区等。非生产区包括办公室、食堂、宿舍等。

2. 非生产区工作人员及车辆，严禁进入生产区

确有需要者，经场长批准，在规定范围内活动。

3. 生活区防疫制度

（1）生活区大门应设消毒门岗，全场员工及外来人员入场时，均应通过消毒门岗，消毒池每周更换2次消毒液。

（2）生活区及其环境每月初进行1次大清洁、消毒、灭鼠、灭蝇。

（3）任何时候不得从场外购买猪肉、牛肉、羊肉及其加工制品入场，场内职工及其家属不得在场内饲养禽畜（如猫、狗）。

（4）饲养员要在场内宿舍居住，不得随便外出；场内技术人员不得到场外出诊；不得去屠宰场、养猪户场（家）逗留。

（5）员工休假回场隔离一夜或新招员工要在生活区隔离1天后，方可进入生产区工作。

（6）做好场内环境绿化工作。

4. 车辆卫生防疫制度

（1）运输饲料进入生产区的车辆需彻底消毒。

（2）运猪车辆出入生产区、隔离舍、出猪台要彻底消毒。

（3）上述车辆司机不许离开驾驶室与场内人员接触，随车装卸工要同生产区人员一样更衣换鞋消毒。

5. 购销猪防疫制度

（1）从外地购入种猪，须经过检疫，并在场内隔离舍饲养观察 30天，确认是健康猪，经冲洗干净并彻底消毒后方可进入生产线。

（2）出售猪只时，须经兽医临床检查无病的方可出场子，出售猪只只能单向流动，如质量不合格退回时，要做淘汰处理，不得返回生产线。

（3）生产线工作人员出入隔离舍、售猪室、出猪台时要严格更衣、换鞋、消毒，不得与外人接触。

6. 疫苗保存及使用制度

（1）各种疫苗要按要求进行保存，凡是过期、变质、失效的疫苗一律禁止使用。

（2）免疫接种必须严格按照公司制定的免疫程序进行。

（3）免疫注射时，不打飞针，严格按操作要求进行。

（4）做好免疫计划、免疫记录。

7. 更衣消毒

生产区工作人员进入生产线，必须经更衣室更衣、换鞋、脚踏、洗手消毒。消毒池每周更换 2 次消毒液，更衣室紫外线灯保持全天开状态。

8. 员工管理

生产线内工作人员不准留长指甲，男性员工不准留长发，不得带私人物品入内。

9. 猪舍消毒

生产线每栋猪舍门口、产房各单元门口设消毒池和消毒盆，并定期更换消毒液，保持有效浓度。

10. 制度完善的猪舍和猪体消毒制度

11. 杜绝使用发霉变质饲料

12. 对常见病做好药物预防工作

13. 做好员工的卫生防疫培训工作

（四）猪场的消毒制度及消毒方法

1. 消毒制度

（1）生活区。办公室、食堂、宿舍及其周围环境每月大消毒1次。

（2）售猪周转区。周转猪舍、出猪台、磅秤及周围环境每售1批猪后大消毒1次。

（3）生产区正门消毒，每周至少更换池水、池药2次，保持有效浓度。

（4）车辆。进入生产区的车辆必须彻底消毒，随车人员消毒方法同生产人员一样。

（5）更衣室、工作服。更衣室每周末消毒1次，工作服清洗时消毒。

（6）生产区环境。生产区路边及两侧5米范围内、猪舍间空地每月至少消毒2次。

（7）各栋猪舍门口消毒池与盆。每周更换池和盆的水与药至少2次，保持有效浓度。

（8）猪舍、猪群。配种怀孕舍每周至少消毒1次，分娩保育舍每周至少消毒2次。

（9）人员消毒。进入猪舍人员必须脚踏消毒池，手洗消毒盆消毒。

（10）未尽事宜参照猪场卫生防疫制度。

2. 消毒方法

消毒是指杀灭或清除停留在体外传播因素上的存活病原体，目的是切断传播途径，借此预防、控制或消灭传染病。严格执行消毒制度、杜绝一切传染病来源，是确保猪群健康的一项十分重要的措施。工厂化养猪应根据不同的消毒对象采用不同的方法，通常以采用机械

清扫和冲洗与使用各种化学消毒剂相配合。

（1）大门。大门入口处设消毒池，消毒池使用 2% 烧碱或 1：200 农乐等，消毒对象主要是车辆的轮胎。设喷雾消毒装置，要求喷雾粒子为 60~100 微米，雾面 1.5~2 米，射程 2~3 米，动力 10~15 千克空气压缩机。消毒液采用 1：200 农乐或 1：300 消毒灵等，消毒对象是车身和车底盘。

（2）人员。工作人员进入各生产车间前，必须在更衣室内脱衣，洗澡（或淋浴），换上经过消毒的工作裤、工作帽和胶鞋，洗手消毒后方可进入车间。必须参观的人员，其消毒方法与工作人员相同，并须按指定路线进行参观。

（3）猪舍。在采用"全进全出"饲养方式的猪场，在引进猪群前，空猪舍应以下列次序彻底消毒。①消除猪舍内的粪尿及垫料等；②用高压水彻底冲洗顶棚、墙壁、门窗、地面及一切设施，直至洗涤液清澈透明为止；③水洗干燥后，关闭门窗，用福尔马林熏蒸消毒 12~24 小时；④再用 1：200 农乐或 2% 烧碱消毒 1 次，24 小时后用净水冲去残药，以免毒害猪群；⑤用火焰枪彻底消毒 1 次。

（4）饲养管理用具。料槽及其他用具需要每天洗刷，定期用 1：200 农乐或 0.1% 新洁尔灭消毒。

（5）走廊过道及运动场。定期用 2% 烧碱或 1：300 消毒灵消毒。

（6）猪体。用 0.1% 新洁尔灭、2%~3% 来苏儿或 0.5% 过氧乙酸等进行喷雾消毒，喷雾颗粒要求 50~100 微米，射辐 1~2 米，射程 10~15 米。

（7）产房。地面和设施用水冲洗干净，干燥后用福尔马林熏蒸 24 小时，再用烧碱或消毒灵等消毒 1 次，事毕用净水冲去残药，最后用 10% 碳乳粉刷地面和墙壁。母猪进入产房前全身洗刷干净，再用 0.1% 新洁尔灭消毒全身后进入产房。母猪分娩前，用 0.1% 高锰酸钾溶液消毒乳房和阴部。分娩完毕，再用消毒水抹拭乳房、阴部和后躯。清理胎衣，整理好产房，母猪产出的仔猪，断牙、断尾、剪耳编号，注射铁剂，并按强弱安排好乳头。同时应严格控制产房温度，使其符合规定的要求。

（五）猪场的兽医临床操作规程

为确保猪场正常生产，更有效地降低猪群的发病率和死亡率，减少疾病造成的损失，不断促进猪场疫病防治工作的规范化、科学化，逐步提高饲养人员、技术人员的兽医临床操作技术水平，特制定本规程，请各生产线人员认真执行。

（1）执行猪场卫生防疫制度的有关内容。

（2）注意观察猪群健康状况，及早发现病猪并及时采取治疗措施，严重疫情要及时上报。

（3）做好病猪病志、剖检记录和死亡记录，经常总结临床经验和教训。

（4）兽医人员要根据猪群情况科学地提出防治方案，并监督执行。

（5）按时提出药品采购计划，并注意了解新药品、新技术。

（6）注意了解和调查本地区疫情，掌握流行病的发生与发展等有关信息，及时提出合理化建议，并提出相应的综合防治措施。

（7）一旦发生疫情或受到周围疫情威胁，猪场要及时采取紧急封锁等自卫措施，全体员工要绝对服从猪场发布的封锁令。

（8）正确保管和使用疫苗、兽药，有质量问题或过期失效的一律禁用。

（9）病死猪有专车运到腐尸池处理；解剖病猪在腐尸池解剖台进行，操作人员消毒后才能进入生产线；每次剖检写出报告且存档。临床检查、剖检不能确诊的，要采取病料化验。

（10）残次、淘汰、病猪要经兽医鉴定后才能决定是否出售。

（11）定期检疫，严格按猪场免疫程序进行免疫接种。

（12）注射疫苗时，仔猪1栏换1个针头，种猪1头换1个针头，病猪不能注射，病愈后及时补注。

（13）做好驱虫工作。断奶猪头1周内驱虫2次，后备猪配种前驱虫1次，母猪临产前驱虫1次（产前1周），公猪半年驱虫1次。

（14）免疫和治疗器械用后消毒，不同猪舍不得使用同一注射器。

（15）接种活菌前后 1 周禁用各种抗生素。

（16）严格按说明书或遵兽医嘱托用药，注意给药途径、剂量，用法要准确无误。

（17）有毒副作用的药品要慎用，注意配伍禁忌。

（18）用药后，观察猪群反应，出现异常不良反应时要及时采取补救措施。

（19）药房要专人管理，备齐常用药。库存无货要提前 1 周提出采购计划。注意疫苗、药品的保管要求和条件，避免损失浪费。接近失效的药品要先用或及时调剂使用，各猪舍取药量不得超过 1 周用量。

（20）制定严格的消毒制度。

（21）建立健康猪群，引入种猪要检疫并隔离饲养观察至少 1 个月。

（22）及时隔离病猪、处理死猪。污染过的栏舍、场地要彻底消毒。各舍要设 1~2 个病猪专用栏。

（23）加强饲养管理，严格按技术操作规程细则进行日常工作。提高猪的抗病能力。

（24）预防中毒、应激等急性病，发现时及时治疗。

（25）及时将猪群疫病情况反映给饲料厂，以便有计划地进行药物添加预防。

（26）对病猪必须做必要的临床检查，观察食欲、精神、粪便，测量体温、呼吸、心率等，然后作出正确的诊断。

（27）诊断后及时对症用药。

（28）及时治疗僵猪，配方采用肌苷加维生素 B_1，连用 7 天，治疗前驱虫、健胃。

（29）久治不愈或无治疗价值的病猪及时淘汰。

（30）饲养员要熟练掌握肌肉注射、静脉注射、腹腔补液、去势手术、难产助产等操作技术。

（31）大猪治疗时采取相应的保定措施。

（32）对仔猪黄白痢等常见病要有目的地进行对照治疗，定期做药敏试验。有计划地进行药物预防。

（33）对猪场有关疫情、防治新措施等技术性资料，要妥善保管。

（34）经常性地做好猪群的保健工作。

（六）猪群的保健

小规模养猪是以先进科学技术的高度集成作保障，利用有限的空间进行大规模生产。猪只数量多、密度大，一旦感染急性败血症型传染病（如猪瘟）和慢性消耗性疾病（如猪喘气病等），则难以控制，轻则导致猪只生长缓慢、饲料利用率低，重则造成大批死亡，使猪场遭受巨大的经济损失。因此，小型猪场的疫病防治和猪群保健技术的研究和应用，是保证养猪顺利发展的关键之一。小规模养猪必须坚持"预防为主"的方针，重点做好以下几个方面的工作：

（1）建立小型猪场的兽医操作规程。

（2）严格执行消毒制度。

（3）制定规范的卫生防疫制度。

（4）建立种猪、商品猪免疫程序。

（5）加强饲养管理。

（6）建立合理的寄生虫驱防方案和种猪保健计划。

（7）严格按照饲养操作规程进行生产。

（8）强化管理，用制度来抓落实。

（七）种猪的淘汰原则

（1）后备母猪引入场后，经隔离观察符合淘汰原则的。

（2）后备母猪超过 8 月龄以上不发情的。

（3）后备公猪超过 10 月龄以上不能使用的。

（4）公猪连续 2 个月（4 周 5 次精液指标法）精液指标不合格的。

（5）断奶母猪 2 个情期以上不发情的。

（6）母猪连续 2 次、累计 3 次怀孕期习惯性流产的。

（7）母猪配种后复发情连续 2 次以上的。

（8）后备猪有先天性生殖器官疾病的。

（9）青年母猪头胎和 2 胎活仔窝均 6 头以下的。

（10）经产母猪累计 3 次产活仔窝均 6 头以下的。

（11）经产母猪连续 2 次、累计 3 次哺乳仔猪成活率低于 60%，以及泌乳能力差、咬仔、经常性难产的母猪。

（12）发生普通病连续治疗 2 个疗程而不能痊愈的猪。

（13）发生严重传染性病的种猪。

（14）经产母猪 9 胎次以上的。

（15）由于其他原因而失去种用价值的种猪。

（16）久治不愈的僵猪和残次仔猪。

（17）发生难产、经处理而排除不了的母猪。

（18）发生胃肠大面积出血的猪。

第六章　饲养管理技术

猪场的技术管理妥否是影响劳动生产率、母猪产仔率、仔猪成活率、肥猪出栏率、饲料利用率等的关键。一个猪场科技含量高，养猪生产水平高，再加上良好的管理制度与方法，即可达到"两高一优"——高产量、高效益、优质产品。因此，既要狠抓技术，又要狠抓管理，两者不可偏废。

一、猪场管理技术简述

养猪需要一套合理、科学的管理技术。由于种公猪、种母猪、仔猪、后备种猪和生长肥育猪的生理特点及生产目的不同，它们的饲养管理方法也不相同。但由于猪只有着共同的生物学特性和行为特点，所以各类猪群也有如下一些共同的饲养管理要求：①饲养良种，选择的品种和繁育体系应符合生产目的，并适应当地的环境条件；②要给各类猪群提供营养、合理、均衡的全价日粮，并做到定时、定量的固定饲喂模式，形成条件反射；③保证充足、洁净的饮用水；④创造一个安静、舒适、清洁卫生的圈舍条件；⑤经常做到查粪便、查饮食、查行为动态的"三查"工作，及时掌握猪只健康及疾病发生情况；⑥切实做好防疫保健和疾病的诊疗工作，坚持"预防为主，养防结合，防重于治"的原则，定期接种疫苗，实施定期免疫监测；⑦做好日常的清洁卫生和消毒工作。

种猪的饲养管理是种猪场的工作核心，其繁殖力高低（种母猪年生产断奶仔猪的数量和质量）是影响种猪场经济效益的主要因素，而种猪的饲养管理成本主要是由出售仔猪和生产肥育猪来分摊的，它受到母猪年生产断奶仔猪的数量和种母猪使用年限及使用效率等因素的影响。种猪生产是一个环节紧扣一个环节的流水式规模生产，即某一生产环节的饲养管理不当，会影响种猪今后甚至其终生生长与繁殖性能。如后备猪饲养管理不好，质量不高，进入生产线后参加配种到分娩，其配种分娩率和胎均活产仔率会受到影响而下降，产后淘汰数也会增加，会给流水式生产造成很大的损失。从生产的角度来说，种猪的繁殖周期相对较长，从母猪的怀孕、产仔、哺乳、断奶直到再发情的配种约 150 天；仔猪从出生到保育转栏约 50 天，肥育上市则需 180 天左右，生产成绩的好坏只有等到下一个繁殖周期完成后才能知道。因此，种猪的饲养管理水平的高低，直接影响到猪场的经济效益。科学与合理的饲养管理，可以大大提高猪场的效益。生产实验证明，每次配种获得的活产仔数越多，经济回报也越高。有研究认为，无论母猪窝产 8 头还是 12 头仔猪，母猪的配种到妊娠所需的劳动力、饲料及其他成本都是相近的。因而有理由相信，提高种猪的饲养管理水平，进而提高种猪的繁殖性能，是提高猪场经济效益最关键的生产环节。

二、后备猪的饲养管理技术

培育后备猪的主要任务是要获得体质健壮、合乎种用要求的种猪。后备猪是种猪的后备力量，要不断地补充优质的后备猪来更新年老的、生产性能下降的种公、母猪，以不断提高猪群的质量。

（一）后备猪的选择

后备猪作为日后的配种、繁殖使用，培育前应进行严格的挑选，以便获得遗传上优于其亲本的种质。后备猪的选购（留）数量为生产母猪数 × 母猪更新率 ÷90%。

1. 外貌的选择

后备猪的体型外貌应具有品种特征，如毛色，头型，耳型，体型长短、宽窄，四肢粗细、高矮等。

2. 身体结实度的选择

后备猪要选择生长发育良好、健康无病、无遗传缺陷的。留作种用的猪，肢蹄结构非常重要，因在配种季节往往需要持久站立。

3. 生产性能的选择

后备猪应选自产仔数多、哺育能力强、断奶窝重大等繁殖力高的家系。母猪要具有 6 对乳头以上，排列整齐和匀称。公猪应选择睾丸发育良好、左右对称且松紧适度的，单睾、隐睾、疝气和包皮肥大的公猪不能留作种用。后备猪要有正常的发情周期，发情表现明显。

4. 其他

对于患有呼吸道、胃肠道疾病的；肢蹄不符合要求，如跛行、关节肿大、外（内）"八"字形的；体重偏轻的，如僵猪，拱腰不长等；以及无种用价值的，如无乳头、瞎乳头多于 4 对，阴门窄小、单睾、隐睾等，应予淘汰。

（二）后备猪的饲养

后备猪一般在体重达到 60 千克选留为宜，选留的后备猪应喂以营养水平较高的饲料，以确保稳定的个体增长和体脂储备；还要注意氨基酸平衡，增加钙、磷用量，补充足量的与生殖活动有关的维生素A、维生素 E、生物素、叶酸、胆碱等。后备猪选留后，适当控制饲喂量，不使其过肥或过瘦。在体重 90 千克前宜采用自由采食，90 千克后采用限制采食，分早、晚 2 次投放料。可直接用干粉料或颗粒料投喂，每天 2~2.5 千克，具体视膘情增减而定。准备配种前的 15 天左右应加大喂料量，以促使排卵，并增加排卵数。如果是从外场（或公司）引入的后备猪，经过 2 周隔离后表现健康的，可放进本场准备淘汰的老母猪或老公猪，混养 2 周以上再转入生产线。

（三）后备猪的饲养观察

1. 从外观看精神状态

健康猪一般营养状况良好、肌肉丰满、皮肤及被毛光泽、精神状态好。病猪则皮肤及被毛无光泽、瘦弱、精神不振、步行不稳、跛行、卧地不起等。

2. 饲喂时看吃料状态

健康猪食欲旺盛，有病的猪吃料少、不吃或只饮水。

3. 打扫卫生时看粪便

主要观察猪粪便的形状、色泽、气味及有无杂物等。如粪便干燥（硬）、排粪次数减少、排粪困难，常见于便秘、感冒、急性疾病的初期。如粪便稀薄和腹泻，常见于猪的消化不良和痢疾。如粪便带有血迹及黏膜，常见猪胃肠有问题或出血等。

4. 运动时看行走情况

健康猪行走正常，四肢健壮有力。有病的猪常出现跛行，软骨病和佝偻病常表现为肢蹄病。

5. 休息时看呼吸

健康猪的呼吸数为每分钟 10~20 次，呼吸节奏很均匀。若猪表现出咳嗽、呼吸次数加快或呼吸困难，则为病态。常见的有传染性呼吸道疾病。

（四）后备种猪饲养管理的要点

（1）强弱分群，对猪及时进行调教（采食、排泄、卧睡的三定位）。

（2）合理的饲养密度，5~7 头 / 栏。

（3）自由采食，少喂多餐。按照"自由采食—限饲—优饲—配种"的饲喂模式，并保证充足的清洁饮水。

（4）加强运动，促进肌肉和骨骼的生长发育，防止肢蹄病和过肥等。

（5）驱虫健胃，引入后 1 周驱除体内外寄生虫 1 次，调入生产线前驱虫 1 次。

（6）严格执行免疫计划，做好疫苗免疫接种工作。

（7）环境清洁卫生，做到圈净、槽净、料净、水净、猪体净。

（8）平时勤观察猪体情况，及早发现病猪并及时治疗。

（9）做好母猪的发情记录和催情工作，清楚了解每一批猪的年龄结构，编制好猪的配种计划。

（五）后备母猪的发情鉴定

鉴定后备母猪的初次发情常常很困难，因为它们的发情特征往往不明显。调查研究表明，约 36% 后备母猪的初次发情似是而非，约 16% 可表现静立发情。并且应注意，在发情鉴定前至少 1 小时内不应该让母猪与公猪相接触。母猪第一、第二次发情的前情期（外阴红肿）持续时间（12~72 小时，平均为 47 小时）比第 3~6 次发情的周期（0~72 小时，平均 26 小时）长。未经产的青年母猪的发情期比经产母猪短 10 小时。采用运动、调栏、并圈、饥饿、试情公猪追赶、激素治疗等方法可刺激母猪发情。

（六）后备猪的淘汰

后备猪出现以下情况的应该淘汰：①后备母猪超过 8 月龄以上不发情的；②后备公猪超过 10 月龄以上不能使用的；③后备种猪先天性生殖器官疾病的；④母猪得了繁殖性疾病及传染性疾病而影响生产的。

三、种公猪的饲养管理技术

公猪的好坏，对猪群的影响很大，对每窝仔猪数的多少和体质优劣起着相当大的作用。在本交的情况下，1 头公猪可负担 20~30 头母猪，一年可繁殖约 500 头仔猪。如采用人工授精，1 头公猪一年可繁殖仔猪万头左右。因此，要特别注意加强公猪的选种、培育、合理利用和饲养管理。

养好公猪，提高精液品质和配种能力，必须保持营养、运动和配种利用三者之间的平衡。否则，就会产生不良影响。营养是保证公猪健康和生产优良精液的物质基础，运动是增强公猪体质、提高繁殖功能的有效措施，而配种利用是决定营养和运动需要量的依据。在配种频繁的季节，应适当加强营养，减轻运动量。而在非配种季节，则适量降低营养，增加运动量。否则，就会使公猪肥胖或者消瘦，影响公猪的性欲和配种效率的充分发挥。

（一）公猪的饲养

为了使公猪经常保持种用体况，保证体质健壮、精力充沛、性欲旺盛、能生产大量品质优良的精液，就必须合理饲养。

公猪射精量比其他家畜都多。在正常饲养条件下，成年公猪 1 次射精可达 200~400 毫升。经分析，其中水分占 97%，粗蛋白为 1.2%~2%，脂肪为 0.2%，灰分为 0.9%。并且公猪交配时间也比其他家畜长，一般为 5~10 分钟，有时达 20 分钟以上，体力消耗较大。因此，对公猪必须保证供给足够的各种营养物质。

蛋白质对增加射精量，提高精液品质和配种能力以及延长精子存活时间，都有重要作用。如果蛋白质不足，易使与配母猪受胎率降低，严重时公猪甚至失去配种能力。所以，在公猪日粮中，一般应含

有 15% 左右的粗蛋白（如果不是集中配种，蛋白质饲料的量可酌情减少）。要求蛋白质饲料种类多样化，以提高氨基酸的互补作用。

维生素 A、维生素 D 和维生素 E 等是公猪不可缺少的营养物质。当公猪缺乏维生素 A 时，睾丸生理机能衰退，不能产生正常精子；缺乏维生素 D，会影响机体对钙、磷的利用，间接影响精液品质；若缺乏维生素 E，睾丸发育不良，精原细胞退化，所产生的精子衰退或畸形，受精力降低。

公猪所需要的维生素，在夏、秋季节可通过喂给青绿饲料来解决。在冬季和早春，青绿饲料缺乏，应喂给胡萝卜等根茎类和青贮饲料，必要时还可加喂部分大麦芽补充。大麦芽对提高公猪精液品质有良好作用，1 头公猪每天能采食 0.2~0.3 千克大麦芽，就能满足维生素 A 和维生素 E 的需要。维生素 D 虽然在饲料中含量很少，但是每天让公猪晒 1~2 小时太阳，就能使皮下的 7- 脱氢胆固醇转化为维生素 D。

钙、磷等矿物质对公猪精液的品质也有很大影响，缺乏时发育不全和活力不强的精子就会增加。在公猪日粮中应含有 0.15% 的钙，钙与磷的正常比例，一般应保持 1：1~2：1。以精饲料为主的日粮类型，常是含磷多而钙少，故需着重补充钙。

蛎粉、碳酸钙、蛋壳粉、石灰石粉是钙的补充饲料，骨粉则是钙和磷的补充饲料。食盐也是重要的矿物质饲料。在公猪日粮中，食盐和骨粉一般可各占精饲料日粮的 0.5%。

在配合公猪饲料时，精饲料的比例应稍高，容积不宜太大，以免引起公猪腹部下垂，造成配种困难。

饲养公猪，应根据公猪的体重、年龄和配种忙闲，区别对待。并随时注意它的营养体况，使它终年保持健康结实、性欲旺盛、精神活泼的体质。过肥或过瘦都不适宜。过肥的公猪整天贪睡，性欲减弱，甚至不愿配种，即使勉强配种，也往往由于睾丸发生脂肪变性，精子不健全，使配种不能达到受胎的目的。这种情况大多都是由于饲料内营养不全面，含碳水化合物较多，含蛋白质、矿物质和维生素不足，加上缺乏运动所引起的。当发现这种情况时，应及时减少碳水化合物的饲料喂量，

相应地增喂青绿饲料，并加强运动。如公猪过瘦，则说明营养不足或配种过度，应及时通过调整饲料配方和控制交配次数来补救。

此外，在常年分散产仔时，公猪配种任务比较均匀。因此，各个月都要保持公猪配种期所需要的营养水平。采用季节性集中产仔时，则需要在配种开始前 1 个月，逐渐增加公猪的营养，做好配种准备工作，等到配种季节过去以后，再逐渐适当降低营养水平。在配种季节，如果能在公猪饲料中适当加入少量动物性饲料，对提高精液品质有良好效果。

（二）公猪的管理

公猪的管理工作，除了经常保持圈舍清洁、干燥、阳光充足、空气流通、冬暖夏凉外，还应特别注意以下管理工作：

1. 加强运动

公猪的运动很重要，如缺乏运动，会发生虚胖、后肢软弱、性欲下降及配种效率降低，甚至失去利用价值。所以，公猪在非配种期和配种准备期要加强运动，在配种期亦要适度运动。一般要求上午、下午各 1 次，每次约 1 小时，路程约 2 千米。也可实行单圈饲养，合群运动，但必须从小就合群并钳掉犬齿。冬季运动宜在中午进行，如遇严寒、大风雨雪天气，则停止运动。

2. 保持猪体清洁

在炎热的夏季，每天可让公猪在浅水池内洗澡或用水管淋浴 1~2 次，其余季节每天刷拭 1~2 次。刷拭除了能防止皮肤病及体外寄生虫（疥癣、虱子）外，更重要的是通过刷拭皮肤，可促进血液循环，增强性功能，提高精液品质和配种能力。另外，刷拭猪体还可加强人猪亲近，使公猪性情温驯，便于管理。

3. 定期检查精液品质和体重

公猪应每月定期称重 1 次。成年公猪应保持中等营养体况，体重保持相对稳定。2 岁以内的年轻公猪要求体重逐月增加，但不显过肥。在公猪配种准备期，应每周检查精液品质 1 次，以便根据体重变化和精液品质好坏，调整营养、运动量和配种次数。

4. 防止公猪自淫

在养猪生产上常会遇到有些公猪，特别是性早熟、性欲旺盛的公猪，发生自淫的恶癖，常在非配种时自动射精。结果会造成性早衰、阴茎损伤、体质虚弱，甚至失去配种价值。

根据调查观察，自淫一般由于管理不当，公猪受到不正常的性刺激所引起。例如，把母猪赶到公猪圈附近去配种，引起其他公猪发生性冲动而自动射精。又如，发情母猪偷跑到公猪圈门口逗引公猪，引起射精。类似情况只要经过几次，便会养成自淫的恶癖。

因此，防止公猪自淫的关键，是要杜绝对公猪的不正常性刺激，注意做好以下几方面的工作：

（1）非交配时间，不让公猪看到母猪及闻到母猪的气味、听到母猪声音。所以公猪圈应建在母猪圈的上风方向，且要隔开一定的距离。并注意把母猪圈好，不让发情母猪外出逗引公猪。

（2）不要把母猪赶到公猪圈附近配种，更不能把母猪赶到公猪圈去，任其自由爬跨和交配。

（3）公猪最好单圈饲养。对性欲旺盛的公猪，圈内最好不放置食槽等物，尽量排除一切可能发生爬跨、自淫的条件。

（4）对单圈喂养、合群运动的公猪，在交配后一定要让它身上的母猪气味消失后才能合群。

（5）建立合理的饲养管理制度。每天定时喂食，定时运动，按时休息，合理使用，做到生活规律化。在非配种季节，对性欲旺盛的公猪，可每隔一定时间定期采精 1 次。

（6）后备公猪相互爬跨和自淫的现象比成年公猪严重，可通过延长运动时间，加大运动量，跑累了、吃饱以后就会安静地休息。

（7）由于互相爬跨和自淫多发生在清晨喂食前，所以应在天刚亮就把后备公猪赶出去运动一段时间，然后再饲喂。

5. 防止公猪咬架

公猪咬架会给管理造成麻烦。其原因多是由于公猪久不见面，或配种时两头公猪相遇而发生斗殴，或者由于发情母猪的逗引，使公猪

跑出圈外发生咬架。如管理不当，咬架在猪场会经常发生，发生咬架时，应迅速放出发情母猪引走公猪，也可用一块大木板把公猪隔开，防止咬伤。

（三）公猪的合理利用

公猪的精液品质和利用年限，不仅与饲养管理有关，而且在很大程度上决定于对公猪的利用是否合理。

适宜的初配年龄和体重十分关键。后备公猪适宜的初配年龄和体重，常随品种、气候和饲养管理条件而有所不同，在考虑年龄的同时还要根据猪的发育情况（体重大小）来决定。我国本地猪种性成熟早，公猪在 3~4 月龄睾丸开始产生精子，但这时尚不能配种。因为此时公猪正处于发育阶段，配种后往往影响生长发育和缩短种用年限。因此，小公猪断奶后应和小母猪隔离，分圈饲养。

我国地方猪种配种一般在 8~10 月龄、体重 60~70 千克；培育品种则在 10~12 月龄、体重 90~120 千克。配种开始时的体重最好能达到成年体重的 50%~60%，但是早熟品种可稍高一些，晚熟品种可稍低一些。过晚初配对生产不利，除了提高培育成本外，还会造成公猪的性情不安，影响正常发育，有的甚至养成自淫的恶癖。

公猪的利用要根据年龄和体质强弱以及精液品质来合理安排。在一般情况下，1~2 岁的幼龄公猪，每周可配 2~3 次；2~5 岁的壮龄公猪，在较好的营养条件下，每天可早、晚各配 1 次，间隔不少于 6~8 小时。如果公猪连续配种 1 周，则应休息 1 天。5 岁以上的老龄公猪，可每隔 1~2 天配种 2 次。

此外，如公猪长期不配种，附睾内储存的精子就会衰老，用这样的精液配种，受胎率会降低。所以，久不配种的公猪开始配种时，必须进行复配。如采用人工授精，则应把第一次采出的精液废弃不用。

四、配种期母猪的饲养管理技术

（一）掌握母猪适宜的初配年龄，防止早配

后备母猪性成熟的时间，随品种、气候、饲养管理条件而有不

同。我国本地猪品种一般在 3 月龄左右就开始发情，培育品种及其杂种在 4~5 月龄。刚达到性成熟的小母猪，虽有受胎可能，但配种过早，不仅使产仔少而弱，而且会严重影响小母猪本身的发育。若配种过晚，由于每次发情不配，会造成母猪不安，影响其发育和性功能活动。因此，在正常的饲养管理情况下，后备母猪适宜的初配年龄，本地母猪应在 8 月龄左右、体重达 50 千克以上，而培育品种及其杂种应在 8~10 月龄、体重达 100 千克以上。如已达到配种年龄，但体重尚未达到要求，则应以体重为主。后备母猪的体重应占成年体重的50% 左右开始配种为宜。发育受阻的母猪应酌情淘汰，勉强留作种用对生产不利。

（二）加强母猪配种准备期的饲养

猪是多胎动物，它的繁殖力很强。一般成年母猪在一个发情期内可排卵 20~30 个，但在生产上一般只有 65%~70% 的卵子能够受精并正常发育。这主要是由于在饲养管理不当的情况下，部分卵子不能受精或受精后死亡造成的。

因此，母猪在配种前要具备不肥不瘦的中等营养体况，即一般所谓的八成膘，这是防止母猪空怀、增加窝产仔数的重要条件。在一般情况下，如饲养得当，母猪经过上次产仔和哺乳，体重会减轻25%~30%。如能保持七至八成膘，断奶后 10 天以内就能正常发情配种，只要合理搭配饲料，就能获得良好的效果。蛋白质、维生素和矿物质对排卵数量、卵子品质和排卵一致性以及正常受精都有良好影响，应注意充分供给。青绿多汁饲料富含上述营养物质，在饲料中应合理搭配。试验证明，青绿多汁饲料占母猪日粮 50% 和 25% 的试验组，要比青绿多汁仅占饲料 5% 的对照组，多排 10%~15% 的健壮卵子。

卵子的大小和形状对卵子能否正常受精和受精卵能否很好发育都有决定性作用。因为受精卵发育的初期是处于游离状态，发育所需营养主要靠卵子本身的营养来维持。发育好的卵子，体积大、呈球形，内含原生质多，维生素、酶类和其他营养素都很齐全，这样的卵子容

易受精，受精后也能正常发育。相反，发育不好的卵子体积小、形状不正，内含少量原生质，营养成分不齐全。这样的卵子就不容易受精，即使勉强受精，受精卵也易在发育过程中死亡。所以，对配种准备期的母猪饲养一定要重视，要实行短期的优饲催情，以配种前半个月加强营养最为有效。

断奶前后的母猪一般都表现食欲旺盛，采食量大，不择食。饲料中可搭配较多的青绿饲料和适量的优质粗饲料，但精饲料也不能一断奶就马上减少，特别是饲料一定要多种搭配，保证各种养分的平衡供应。这样，母猪才能及早发情，多排健壮的卵子。

实行季节产仔的母猪，断奶后不一定马上就配种，如果在配种前有过肥或过瘦的现象，则应在配种前及时调整。对过瘦的母猪应提高营养水平，在饲料中加入一定量的精饲料和优质青绿饲料，并增加喂料次数，让它迅速复膘。过肥的母猪要及时拉膘，增喂较多优质的青、粗饲料，适当减少精饲料，并应加强运动。以上方法可使过肥或过瘦的母猪在配种前都能达到适宜的膘情，以利正常发情和排卵。

在配种开始时，对群养母猪要特别注意发育观察，或用不作种用的公猪试情，以免对个别发情不明显的母猪错过配种时期影响配种计划的完成。此外，每天给母猪适当运动和多晒太阳，对提高繁殖力也有重要作用。

（三）促使母猪正常发情排卵的措施

母猪性成熟后，卵巢周期性进行着卵泡成熟和排卵的过程。在正常饲养条件下，母猪断奶 10 天之内，一般都能发情排卵。但也有些母猪断奶后长期不发情或屡配不孕，这大都是由于饲养管理不当或生殖系统疾病造成的。为了能让不发情的母猪恢复发情或要求一群母猪同期发情同期配种，应在加强饲养管理的基础上，采用以下办法人工催情。

1. 用试情公猪逗情

用试情公猪追逐久不发情的母猪，或每天把试情公猪关在母猪圈内 2~3 小时。由于母猪与公猪接触，通过公猪爬跨等刺激，使脑下垂

体产生促卵泡成熟激素，促使发情排卵。另一种简便的方法是，利用录音磁带播放公猪声音代替试情公猪的生物模拟作用，效果亦较好。

2. 并圈

将久不发情的母猪调到另一圈内，让它与正在发情的母猪合圈饲养，通过发情母猪的爬跨，有促使母猪发情排卵的作用。

3. 并窝或控制仔猪哺乳时间

如有多数母猪产仔日期比较集中，则可根据情况，把部分产仔少或泌乳能力差的母猪所产生的仔猪全部寄养给其他母猪哺乳，使这些母猪不再哺乳。这样，可让母猪提早发情配种，提高母猪繁殖力。

4. 运动

加强母猪运动，实行放牧、放青，有利于促进母猪发情。据试验，一般凡膘情正常而不发情的母猪，通过运动或放牧、放青等措施，都有显著效果。

5. 注射激素

常用的激素有以下两种：

（1）绒毛膜促性腺激素（HCG）。对促进母猪发情和排卵效果较为显著。按每10千克体重注射100单位，一般体重100千克左右可肌肉注射1 000单位。

（2）孕马血清（PMSG）。含有促性腺激素，可促进滤泡成熟和排卵。使用时，每次皮下注射5毫升，一般注射后4~5天即可发情。

孕马血清和绒毛膜促性腺激素，在一些国家被广泛应用于治疗久不发情的母猪，据丹麦应用各种促性腺激素试验结果，以绒毛膜促性腺激素加孕马血清注射母猪能增加产仔数。

如果因饲养管理不当，造成母猪过瘦或过肥而不发情排卵时，可通过改善饲养管理来解决。至于因生殖器官疾患而不发情的母猪，应按病情加以治疗或淘汰。

（四）掌握母猪发情规律，适时配种

在提高公猪精液品质和促进母猪正常发情的同时，还必须掌握母猪发情排卵的规律和适宜配种的时间，才能保证母猪受胎、高产。

母猪性成熟以后，卵巢有规律性地进行着卵泡成熟和排卵过程，且具周期性，母猪从上次发情止到下次发情起这一段时间称为发情周期或性周期。发情周期为 18~24 天，平均为 21 天。从发情开始到发情结束这段时间称为发情持续期。一般地方品种的发情持续期为 3~5 天，培育品种为 2~3 天。

母猪发情的外部征状主要表现在行为和阴户的变化，其表现也随品种、个体而异。在发情开始阶段，首先是阴门潮红肿胀，肿胀程度不一，有的明显，有的不明显（黑猪不易看出）。阴门开始肿胀时，食欲减退，行动不安。随着阴门肿胀，阴道逐渐流出透明稍呈白色的黏液，这时母猪常会躲避公猪。至发情中期，食欲显著下降甚至不吃食、起卧不安、跳圈、鸣叫、排尿频繁、爬跨其他母猪、允许公猪接近和爬跨、用手按压腰部或臀部呆立不动。至发情后期，阴门逐渐消肿，如公猪爬跨或用手按压腰部或臀部，则表现厌烦，食欲逐渐恢复。

个别母猪可能发情征状不甚明显，对这类母猪，必须随时注意观察，并可采取公猪试情的办法加以识别，以免错过配种时间。此外，培育品种及其杂种，发情表现一般不如本地猪明显，老龄猪多无青年猪强烈，亦应注意。

（五）正确掌握适宜的交配时间

公猪、母猪交配时间是否适当，是决定受精成败和产仔数多少以及仔猪健壮与否的关键。一定要在精子和卵子生命力最旺盛的时候相遇受精，才能达到目的。

研究表明，公猪、母猪交配后卵子和精子是在输卵管上端结合。公猪配种时排出的精子要经过 2~3 小时的游动才能到达输卵管。精子在母猪生殖道内，一般能存活 10~20 小时。另外，发情母猪排卵的时间，一般是母猪接受公猪爬跨后平均 31 小时（26~36 小时）开始排卵。发情期短的猪，排卵开始较早；发情期长的猪，排卵开始较晚，母猪持续排卵的时间为 10~15 小时以上。据此推算，配种的适宜时间应在母猪排卵前 2~3 小时，即发情开始后 19~30 小时。如交配过早，卵子尚未排出，等卵子排出，精子已死亡，便达不到受胎的目的。相反的

如交配过迟，卵子排出很久，精子才进去，这时卵子已衰老，失去受精能力（卵子在生殖道内能保持受精能力的时间是8~10小时），也同样达不到受胎的目的。因此，必须时刻注意母猪的状态，及时找出发情母猪，适时配种。

就品种来说，本地母猪发情时间较长，正常达3~5天，配种时间宜在发情开始后的当天下午和第二天上午。杂种母猪发情多为3~4天，配种可在发情开始后的第二天下午。就年龄来说，应按"老配早，小配晚，不老不小配中间"的原则来配种。

发情母猪允许公猪爬跨后10~20小时配种，受胎率最高。但我们发现母猪发情或接受公猪爬跨的时间，并不一定是母猪开始发情或开始允许公猪爬跨的时间。为了提高受胎率和产仔数，在生产上只要发情母猪接受公猪爬跨或用手按压母猪腰部呆立不动，就可以让母猪第一次配种，常能观察到阴门肿胀逐渐消退，阴门开始裂缝，颜色由潮红变为淡红。阴门排出的黏液由清水样变为黏稠拉到0.1厘米就断时，配种效果也好。

为了防止发情不明显的母猪漏配，在配种期间最好利用公猪试情，每天早晚各试情1次。这不仅有利于掌握适宜的配种时间，还有刺激母猪性欲、促进卵泡成熟的作用，特别是头胎母猪效果显著。

五、空怀母猪的饲养管理技术

空怀母猪，是指未配或配种未孕的母猪，包括青年后备母猪和经产母猪（返情、流产、空怀、断奶、超期未配等）。饲养管理的目标是促使青年母猪早发情、多排卵、早配种，并达到多胎高产。对断奶母猪或未孕母猪，应积极采取措施组织配种，缩短空怀时间。

1. 青年母猪配种

在月龄达到8月，体重达到110千克，在第二至第三个发情期配种最好。若过早配种，青年母猪的生长发育受影响，排卵少、受胎率低、泌乳能力差，从而影响终生生产成绩，缩短利用年限；若过迟配种，会导致内分泌紊乱，发情不正常或不发情，给生产带来不利影

响。

2. 促使母猪发情排卵的措施

（1）公猪刺激（试情）。通过视、听、嗅、气味、身体接触等诱导发情。

（2）适当的应激。主要通过混栏、并圈、运动、饥饿等适当应激，提高机体的兴奋性，促使发情。对过肥不发情的母猪在限饲或饥饿的同时，更应通过运动刺激发情。

（3）按摩乳房。有研究认为，按摩乳房可加强垂体前叶功能，促使卵细胞成熟，促进母猪排卵发情。

（4）正确饲养，短期优饲，适时调整喂料量。在生产上，青年母猪先自由采食，再限制饲养 1 个月，最后优饲半个月参加配种。喂料量可达到 2.8~3.2 千克 /（天·头），但具体应"看膘投料"，配种后逐步减少喂量。"空怀母猪七八成膘，容易怀胎产仔高"，说明正常情况下，母猪配种前的营养水平不要过高。对哺乳后体况差的母猪，断奶到配种之前可采用"短期优饲"的办法，可促使发情。

（5）激素处理。对长期未达初情期或通过上述措施仍不能发情的母猪，可采用激素治疗，促使其发情。①注射三合激素，每头 1 毫升 / 次，用药后 3~5 天发情；②肌肉注射胎素 2 毫升 /（天·头），乙烯雌粉 2 毫升 /（天·头）；③肌肉注射绒毛膜促性腺激素每 10 千克 100 单位，或孕马血清每 10 千克 1 毫升，5~7 天发情；④对于可能因持久黄体引起的不发情，可通过肌肉注射前列腺素（PGFZa）促进发情排卵，此法也可用于怀孕任何时期的流产和催产。

（6）阳光、新鲜空气和适当的运动对保证母猪的健康、正常的发情有很大益处。这在平时的饲养管理中应给予高度重视。

3. 猪的发情检查

根据发情表现，做好发情母猪耳号、栏号记录，以便配种。母猪的发情周期一般为 18~24 天，平均为 21 天。发情的具体表现有：阴户红肿，阴道内有黏液性分泌物；在圈内来回走动，频频排尿；神经质、发呆、站立不动；食欲差或完全不吃料；压背静立不动，互相

爬跨或接受公猪爬跨；有的发情不明显，可用不同的公猪试情，若接受爬跨一般可判为发情。为使发情检查更为准确，每天早（上午8：00）晚（下午4：00）各检查1次，每次时间保证30分钟，并用公猪试情检查。

4. 配种方式和次数

配种程序一般为先配断奶母猪，再复配，后配后备母猪和空怀母猪。后备猪采用2次本交1次授精的方式；断奶母猪采用1次本交2次授精的方式。参照"老配早，少配晚，不老不少配中间"的原则，采用杂交多重复配种方式，经产母猪间隔12~24小时，后备母猪间隔12小时，高温季节宜在上午8：00前、下午5：00后进行配种。在配种时，将公猪赶到指定地点，待公猪爬跨时，进行人工辅助配种（这是生产上常用的），将母猪尾拉向一边，辅助阴茎插入。配种应注意以下几点：

（1）尽量在公猪栏内进行，地面不要太滑，公猪、母猪体格相当。

（2）配种前母猪后躯、外阴，公猪腹部、包皮及公猪与母猪的身躯应清洁消毒。

（3）确定母猪发情而又不接受公猪爬跨时，应更换1头公猪或采用人工授精。

（4）母猪配种完后要按压其背部，令其轻轻走动，不让精液倒流。

（5）配种完的公猪、母猪不能冷水淋浴。

5. 人工授精技术

人工授精是把精液经处理后用输精器具将公猪精液输入到母猪生殖道内的配种方式。

人工授精技术的优点是可减少公猪的饲养头数，提高优秀公猪的利用率，克服由于公猪、母猪体格差异而造成的交配困难。另外在母猪有肢蹄病患不能直接交配时可使用，同时可避免疾病的传播，加快仔猪品质的改良速度。

一般来说，人工授精受胎率要比直接交配低一些，但若发情鉴定

准确、授精技术好，也能提高受胎率。猪的人工授精主要包括：精液采集、精液品质检查、稀释保存、运输、输精及器具的清洗消毒等技术环节。

6. 提高母猪年生产力的措施

（1）增加窝仔数。①增加排卵数；②提高受精率：公猪的精液品质、配种时机、激素应用等；③减少胚胎死亡；④母猪分娩和接产工作。

（2）提高仔猪成活率。①及时吃上初乳，固定乳头；②补水补料；③补铁及矿物质；④防冻、防压、防腹泻和其他疾病；⑤仔猪寄养与阉割；⑥控制好小环境条件。

（3）提高母猪利用强度，增加年产胎次。

六、妊娠母猪的饲养管理技术

妊娠母猪的饲养管理：一是做好母猪的保胎工作，减少胚胎和胎儿的死亡；二是保证母猪有良好的体况，以保证以后的泌乳需要。日常的工作：一是防流产和保胎；二是采用"步步高"的饲喂方式，分阶段饲喂。

1. 妊娠表现

猪妊娠期一般为108~120天，平均114天，即"3月3周3天"，青年母猪稍短。要注意观察配种后18~24天和34~44天的母猪，若两个发情期均未发情，可初步判定为怀孕。

怀孕母猪表现为疲倦贪睡不想动，性情温顺动作稳，食量增加长膘快，皮毛光亮紧贴身，尾巴下垂很自然，阴户缩成一条线。怀孕2个月后，腹围增加，乳腺发育，乳头变得粗长，向外伸展。3个月后，可摸到胎动。

2. 妊娠诊断

根据母猪表现，并结合仪器诊断是否怀孕。可以及早发现未孕母猪，及时采取措施，促其发情配种，减少损失。仪器诊断主要用超声波诊断仪，以测定子宫内有无羊水和心跳等，确诊准确率高。

3. 防止流产

母猪怀孕后胚胎或胎儿要经过 3 个死亡高峰期。

第一个高峰期，在配种后 1 个月内，占 30%，主要是在受精后 9~13 天（合子附植期）和 21 天左右（器官形成期）。其具体原因有：①受精卵先天缺陷（如近交、多精入卵、染色体缺陷等）；②饲料营养素不足或不平衡；③饲料变质、发酵、有毒等；④怀孕初期采食能量过高；⑤高温影响；⑥母猪有疾病；⑦咬架、剧烈运动或其他应激因素（如滑倒、疫苗注射等）。

第二个高峰期，在配种后 60~70 天，占 30% 以上。其主要原因有：①胎盘停止生长，而胎儿到了快速生长时间，供需出现矛盾；②打架、剧烈运动等应激因素，使子宫内血液循环下降，胎儿养分供应不足。

第三个高峰期，怀孕后期至产前，占 10%。其主要原因是由于中期营养不足而发育不足或临产前剧烈运动，造成分娩前脐带断裂，胎儿死亡。2/3 的胎儿体重是在怀孕后期的 1/3 时间内生长的，即 80 天后是胎儿生长发育的高峰期，故应增加母猪的营养摄入，但在产前 1 周应减料。

4. 妊娠母猪的饲养

主要目标是保证母猪健壮，有良好的体况，不过肥过瘦，胎儿发育正常，无早产、流产等现象，每一繁殖周期获得数量多、质量好、生命力强的仔猪。

饲养方式为"依膘给料，看食欲给料"，每次喂料时间不少于 1 小时。精料用在"刀刃上"，达到保胎、壮胎、高产、节粮、降低成本的目的。

（1）妊娠前期（配种后 1 个月），给料量在 2.0 千克 /（天·头）。配种后的 1~3 天不给料或少给料，以后逐渐增加。有研究报道，在配种后 15 天采食量从 2.0 千克 /（天·头）提高到 2.8 千克 /（天·头），胎胚存活率下降 36%~50%。因此，配种后 1 个月避免母猪能量摄入过多，防止胎儿死亡。

（2）妊娠中期（配种后 2 个月），给料量在 2.5 千克 /（天·头）。

限制精料量，防止过肥，并增加青料量。

（3）妊娠后期（配种后 3 个月），给料量在 2.8~3 千克 /（天·头）。这时母猪除负担胎儿生长和发育外，自身也在生长，喂料量应逐步增加。

（4）在产前 1 周应降低喂料量 10%~30%，临产前，经产母猪保证七八成膘，后备母猪八成膘。如过肥产弱仔多，产后多不吃料，便秘、缺乳、断奶发育不正常，且易压死仔猪。如过瘦，胎儿发育不良、产后掉膘快、泌乳少、胎儿存活率低、产后生长速度慢等。同时减少或不喂青绿饲料，以免压迫腹腔而造成胎儿早产。对有便秘的猪，饲料可加入人工盐、大黄、小苏打或硫酸钠来缓解。转入产房前，冲洗干净，消毒并驱除体内外寄生虫。

5. 妊娠母猪的管理

（1）防流保胎。减少应激，预防劣性传染病，预防中暑，防止机械性流产，不喂发霉变质饲料，防止中毒流产。

（2）免疫接种。按免疫程序做好口蹄疫、伪狂犬二联四价苗等疫苗注射工作。

（3）观察猪群情况，有病及时隔离并治疗。日常生产，做到勤观察：①喂料时，观看吃料情况；②清粪时，观看排粪情况；③运动时，观看行走情况；④平日，观看精神状态；⑤休息时，观看呼吸情况。一旦发现不吃料、便秘、中暑、流脓、阴道炎、肢蹄病、气喘病、应激等病猪，及时诊治。

（4）提供新鲜的饲料和饮水。每次喂料时间不少于 1 小时，看膘给料，不喂发霉变质饲料，保证充足干净的饮水。

（5）按时清粪，做好猪舍的清洁卫生。每天上午、下午各清粪 1 次，下班前一定把粪便送到化粪池，不允许猪粪在猪舍过夜。经常冲栏，保证猪舍（栏）、猪体和料槽干净。

（6）生产线上的其他工作。①星期三疫苗注射，保证剂量和部位，不能漏猪；②星期一、星期四的消毒，1 个月换 1 种消毒药，消毒要彻底；③星期三接收断奶母猪，星期五赶临产母猪到产房；④星期六猪舍外环境整治，淘汰猪鉴定；⑤星期日设备检修，做周报表及药物领取计划等；⑥其他，如运动、调栏、冲栏、并圈、喷雾降温等。

七、分娩母猪的饲养管理技术

（一）分娩哺乳舍的工作目标

（1）按生产计划完成每周母猪的分娩产仔任务。年生产万头商品仔猪的生产线，每周分娩24胎，每胎均活产仔按10头计，为24×10=240头。

（2）哺乳期成活率达到95%以上，为240×95%=228头。

（3）仔猪3周龄断奶体重6千克以上，4周龄达到7千克。

（4）保育期成活率达98%以上，50天上市合格率达到98%以上，228×98%=224头。

（5）仔猪7周龄上市体重15千克以上。

（二）分娩哺乳舍的工作内容

（1）彻底冲栏消毒产房，做好接收临产母猪的准备工作。

（2）从妊娠舍接收临产母猪，并按顺序上产床；产房转出断奶仔猪到保育舍。

（3）给母猪和仔猪提供新鲜清洁的饮水，定期检查饮水器，保证饮水。

（4）提供新鲜清洁饲料，哺乳仔猪7日龄开始补料，坚决不喂发霉变质的饲料，及时清理料槽的剩余饲料。

（5）保证仔猪有一个温暖、干燥、无风的环境，调整保温设施，保证舍内温度达到要求。及时调整保温灯，创造保温箱内合适的小气候，注意天气变化，防止贼风侵入，尽可能减少冲洗次数和冲水用量，注意门窗开关，采取适当的通风措施。

（6）维持产房防疫制度，尽可能减少人员出入。做到人员定舍定岗，每个单元执行全进全出制，定期消毒。及时处理每天的胎衣、死胎、木乃伊胎及病死仔猪，及时治疗病猪。保证各单元门口消毒池、洗手盆消毒药的有效浓度，按免疫程序定期进行预防接种工作。

（7）做好仔猪治疗工作，每天仔细观察猪群，发现病猪及时治疗。

对腹泻的仔猪，发现1头治疗1窝，并追踪治疗，做好发病纪录。

（8）完成仔猪剪牙、断尾、补铁、去势工作，在吃过初乳后（产后24~36小时），对仔猪进行适当调整。

（9）执行每周的断奶程序，平均3周龄断奶，根据哺乳成绩和体况、年龄，评价每批断奶母猪，分别转入配种舍或淘汰。

（10）及时检查和维修饮水器、产栏、保温箱等设备。

（11）准确、及时做好各种记录。

（12）分娩舍常规工作安排。每天上午的工作安排：①母猪喂料，做卫生，仔猪换（补）料；②仔猪补铁称重，剪牙、断尾、去势，治疗病猪；③哺乳母猪喂料，仔猪补料。每天下午的工作安排：①清理卫生及其他工作；②母猪喂料，做卫生，仔猪补料。

（三）母猪的分娩

1. 产前准备

（1）检修产房设备，彻底冲洗，消毒空栏。

（2）产房温度控制在27℃左右，湿度65%~75%。

（3）准备接产用具及接产药品。

（4）产前产后母猪减料，产前3天开始投喂大黄和小苏打，连喂1周，如仍有便秘者，应连续喂至粪便正常为止。

（5）即将分娩的母猪用0.1%高锰酸钾溶液清洗乳房及后躯，用消毒水清洗产房，母猪后躯垫麻布袋。

2. 产前征兆

在生产上常采用"三看一挤"的方法判断临产时间。一看乳头，产前3~5天，乳房胀大，乳头粗长，外伸明显。俗话说："奶头炸，不久就要下。"二看尾，产前母猪尾根下陷、松弛，阴户红肿。三看行为表现，产前6~12小时，母猪坐立不安，阴户流出稀薄黏液（破羊水），说明很快要产仔，"母猪频频排尿，产仔就要到"。一挤，挤乳头，一般前面乳头出现乳汁，则24小时内产仔；中间出现乳汁，则12小时内产仔；若最后乳头有乳汁，则3~6小时内产仔。同时，根据预产期加强观察。

3. 接产

仔猪出生后，即将猪身擦干净，尤其是要擦干口、鼻周围的黏液，防止黏液堵塞口、鼻而把仔猪闷死。随后要剪断脐带并进行消毒，放入接产箩或纸箱内。待产完仔猪后，将仔猪全部放回栏内哺乳，吸完奶后放保温箱内。母猪正常产仔，每隔 5~25 分钟产出 1 头仔猪，2~4 小时全部产完。如果 10 小时内未产完（全部胎盘产出为产完），就应注射催产素进行催产，注射催产素后仍未见仔猪产出，就应进行人工助产。

产仔数如果超过母猪的奶头数，把多余的仔猪放到别的母猪栏中寄养，但两窝仔猪出生日期相差不能超过 3 天，否则母猪不愿给寄养的仔猪哺乳，就算给仔猪哺乳，由于仔猪吃不到初乳，得不到初乳特有的抗体，也会导致仔猪的抵抗力弱，容易患病，以致死亡。寄养的仔猪一定要吸了初乳后才寄养。寄养的仔猪往往会被母猪认出而被咬伤，最好在寄养之前，将被养母猪原带的仔猪与寄养的仔猪混在一起，一段时间之后才一同放到被寄养母猪的栏内，也可用酒精喷洒全部仔猪，使气味一样，使母猪分辨不出，从而避免咬伤寄养仔猪。

在接产时，如出现个别窒息而尚有心跳的仔猪，应立即进行救治。其方法是先迅速消除仔猪口、鼻内的黏液，把仔猪仰放在麻布袋上进行人工呼吸或提起仔猪后肢，用手轻打背部，促使其呼吸。进行人工呼吸要有耐心，直至仔猪出现自然呼吸时方可停止。

4. 母猪难产的处理

母猪分娩时，羊水已经流出，虽然母猪长时间剧烈阵痛，用力努责，甚至排出粪便，但不见仔猪产出。或在生产过程中，前、后两头仔猪产下间隔太久，一般超过 30 分钟，而母猪仍在不断用力，即可判断已不能产出仔猪。难产的原因，多是因为母猪的饲料不平衡而引致生产时子宫收缩微弱，或使子宫口与阴道张开情况不良。或者是当猪生产时，猪舍太嘈杂或猪骨盆和子宫颈狭窄，都可能造成难产。对难产处理步骤如下：

（1）消毒。

必须使用的器械要事先煮沸消毒，管理人员的手指甲应剪短磨光，手及手臂先用1‰高锰酸钾水消毒，再涂些润滑剂，最后用1‰高锰酸钾水把母猪阴户附近冲洗干净。

（2）检查与助产。

将手指尖合拢呈圆锥状，慢慢伸入母猪阴门检查，如发觉阴门狭窄，而胎儿已露出子宫外边时，可按摩阴门附近及阴道黏膜，使之松弛慢慢拉出。如胎儿的前半身通过子宫口外，后半身仍夹在里面时，可将仔猪侧转90°调换方向，随着母猪努责工作，慢慢把仔猪拉出来。仔猪拉出后，如果母猪进入正常分娩即状态良好，不然就需要施行手术助产。把胎儿取出后，应拭净口、鼻的黏液。如果假死状态，可进行急救，使其恢复呼吸。

（3）助产后的消炎。

手术助产后，应给母猪及时注射抗生素或其他消炎药物，以防产道、子宫感染炎症。

5. 控制母猪白天产仔

自然条件下母猪分娩过程如下：仔猪垂体分泌促肾上腺素，在促肾上腺素使用下，仔猪肾脏分泌皮质醇通过胎盘运送至母体子宫，使子宫分泌前列腺素F，前列腺素F具有强烈的溶解黄体作用，可使母猪妊娠后期黄体溶解，母体外周血液孕酮水平下降，进而触发分娩。采用0.1毫克氯前列烯醇颈部肌肉注射，用药后26~27小时开始分娩。

控制母猪在白天工作时间分娩，不但可减轻饲养员值夜班的辛苦，而且白天分娩有人护理，防止因窒息、挤压等原因引起仔猪死亡。

氯前列烯醇可有效减少分娩过程中仔猪的死亡。据报道，死亡率可从7.42%下降到2.28%。使用氯前列烯醇诱导母猪分娩对母猪和仔猪无明显副作用，同时对减少乳腺炎——缺乳综合征有帮助，对采食量和生产性能方面均有提高，对仔猪的生长发育也无不良影响。

（四）产后母猪和仔猪护理

1. 产后母猪护理

（1）产后母猪应注意乳房及后躯清洁。

（2）产后母猪肌肉注射青霉素、链霉素加缩宫素。同时，肌肉注射长效磺胺王。

（3）母猪产后应清洁干净产床。

（4）母猪产后1周内每天喂料2次，仅喂常量的1/3~1/2，1周后每天喂料4~5次，接近自由采食，断奶前3天限料。每天喂料前清洁食槽。

2. 仔猪护理

（1）仔猪出生后及时补铁补硒，口服链霉素2毫升，剪牙、断尾。并根据母猪体况、有效乳头数及仔猪强弱进行调整。剪牙的工具一般使用电工用的小偏口钳。用左手的拇指和食指卡住仔猪两边嘴角，使仔猪张开嘴，露出上颌、下颌两边的4对犬牙，右手持偏口钳沿犬齿根部把犬齿剪掉。剪牙时要把仔猪头部保定好，防止剪破牙床和舌头。

（2）仔猪出生后4~7天去势，去势要彻底，切口要小，术后消毒。

（3）产房人员不得擅自离岗，有其他工作时，每次离开时间应不超过半小时。

（4）仔猪出生后7天补料，保持料槽清洁，饲料新鲜，勤添少添，晚间补添1次。

（5）仔猪2周龄并栏，21天（或24天）断奶，断奶前后3天喂鱼肝油粉以防应激。断奶后在原栏继续饲养3~7天后调入保育舍，调入保育舍后1周驱虫。

（6）断奶仔猪进入保育舍后应根据大小、强弱进行分栏。每次换料应有3~7天过渡。保育猪应减少惊动干扰，让其多吃多睡。

八、哺乳母猪的饲养管理技术

1. 哺乳母猪的饲养管理目标

（1）为仔猪提供质优量多的乳汁，保证仔猪正常生长发育。

（2）维持母猪良好的体况，保证断奶后能正常发情配种。

2. 哺乳母猪的饲喂要求

（1）分娩初期，食欲低，需限饲，给20分钟吃完的料即可，1周

后恢复正常。初期使用容积大并有轻泻性的饲料，促进胃肠蠕动。采用分餐制，夏季用湿拌料，提高适口性，同时喂给促消化的添加剂，如消化酶、活性酵母、香味剂等。出现乳腺炎时立即减少喂料量。

（2）饲料除高能量和高蛋白质外，还应补充足够的维生素和矿物质，原料不能经常变换，否则乳汁成分发生变化，引起仔猪消化不良。

（3）产后体况较好的母猪，采用"前高后低"的饲喂方式，初产母猪和妊娠期体况较差的母猪采用"一贯加强式"。

3. 哺乳母猪的饲养管理重点

（1）采用封闭式产房、高床漏缝地板、排气扇通风换气、全进全出等工作方式，小环境容易控制。栏舍清洁消毒，空栏 1 周后进猪。舍内空气要干燥、卫生、保温。保持良好的环境条件，及时清除粪便，保持舍内干爽卫生，防寒防暑。

（2）母猪产前 1 周全身要清洁消毒，进入产房，同时减少喂料量，提供洁净饮水。保护好母猪乳头，尤其是头胎母猪。

（3）随时观察粪便、采食、行为等异常情况，判断猪群健康状况。

（4）发现病猪及时治疗。

4. 假死和难产处理

发现假死及时抢救，将仔猪四肢向上，一手托肩一手托臀，然后两手一伸一屈反复进行；或倒提仔猪，并用手轻轻拍其背部，帮助其呼吸。若有羊水排出，强烈努责 1 小时仍未有仔猪排出或产仔间隔超过 1 小时，即视为难产，应进行人工助产。助产员磨平指甲，用肥皂或来苏儿等消毒，并用润滑剂涂抹，趁努责间隔时间，五指呈锥形伸入产道，感觉胎位、胎儿大小。胎位不正时理正，胎儿过大的用助产绳，顺母猪努责方向慢慢将仔猪拉出，若此时转为顺产，则不再用手，以减少感染机会。当母猪子宫无力收缩时，可肌肉注射催产素每100 千克体重用 2 毫升，难产后母猪连打 3 天青霉素，外阴黏膜注射1 毫升律胎素，阴道内注入青霉素。

5. 分娩母猪的护理

产后母猪疲劳、口渴、体虚，除消毒外阴部外，头 2 天还要注射

青霉素、链霉素，让其充分休息，只饮水，不能大量添加饲料。第二天逐步增加喂料量，每天增加 15%~20%，少喂勤添，1 周后恢复正常，每天喂 3~4 次，喂料量达到 6 千克 / 天以上。母猪产后食欲下降，应及时查找原因，尽快改善。方法是每天察看粪便，看是否便秘；察看外阴乳房，看有无子宫炎、乳房炎或其他疾病。对食欲不振的猪要对症治疗，并给予助消化的药品。

6. 母猪产后常见疾病的预防和治疗

（1）乳房炎。常因母猪过肥或产前产后采食过多，营养浓度过高或分娩舍条件较差而诱发。炎症后分泌乳汁易使仔猪下痢，如不能及时治疗，则易致永久性的泌乳功能损失。

检查：用手触摸乳房，如发硬、红肿等，正常的乳房呈杯状，炎症时呈饼状。

治疗：用抗生素肌肉注射，同时消除诱因。

（2）子宫炎。主要原因可能是怀孕期感染一些流产、死胎等患猪病原；或难产时，实施人工助产而侵入病原；或产房条件差，产后虚弱，抵抗力下降而导致细菌侵入。一般产后阴道会排出脓样排泄物，如不及时治疗，易造成子宫内膜的永久损伤，影响以后受孕。

检查：用手翻开阴户，看有无脓样分泌物流出。

治疗：用肌肉注射抗生素的办法，同时用温和的消毒液反复冲洗子宫，并在宫内投药，如宫炎清、抗生素等。

（3）无乳症。病因比较复杂，母猪通常表现乳干缩，仔猪因奶不足而体表干瘦、皮毛松乱、精神不振、衰弱鸣叫或整天叼着奶头睡觉。

治疗：主要是采用催产素。可喂豆浆或小鱼虾或胎衣等熬成汤喂给。同时考虑寄养。

（4）便秘。产前产后母猪常见，要及时发现及早治疗。便秘常伴有食欲不振和乳腺炎发生。

治疗：轻度的投药，如硫酸镁、硫酸钠、大黄、小苏打等；重度则需要洗肠，及时消除症状，而后投泻药。

（5）不吃料的母猪，采用换喂仔猪料，喂青绿饲料，静脉输液治

疗，胃内灌服补料等方法。

（6）腹泻仔猪应及时补液治疗，其方法为：①庆大霉素 5 毫升，硫酸链霉素 5 毫升，复方敌菌净片 5 片，混匀后口服，2 毫升 /（次·头），1 天 2 次，2~3 天；②康宝一袋，痢特灵 5 克，维生素 C 2 支，青霉素 2 支，蒸馏水 1 000 毫升，混匀后口服，10~20 毫升 /（次·头），1 天 2 次，2~3 天。

7. 母猪的泌乳规律

（1）及早让仔猪吃上初乳，是提高成活率的关键。

（2）固定乳头，使全窝均匀生长，也有利于乳头发育。

（3）泌乳前期放乳次数比后期多，白天比晚上多。

（4）泌乳量先是逐步增加，21 天达到高峰，以后下降。

（5）分娩母猪是连续放乳的。

九、分娩舍的日常工作

1. 上班检查

（1）检查产房温度、湿度、通风等情况，必要时开（关）灯、开（关）风扇、开（关）窗。正在分娩的产房保温箱内温度 32℃，室温 26℃。

（2）检查母猪（特别是正在分娩的）和仔猪是否需要进行紧急处理。

（3）清除分娩母猪排出的胎衣，移走死亡仔猪，装入专用桶内，便于下班时送到指定地点，绝对不能倒在粪道内，同时做好产仔记录和进出记录。

2. 清料槽

清除昨日的饲料（包括母猪料槽和仔猪料槽内的饲料），将剩下的旧料全部清走，不要将旧料留在产栏内让仔猪舔吃，以免导致仔猪腹泻，每天上午、下午上班后必须清洗料槽。

3. 根据下列情况调整母猪喂料量

（1）食欲。对食欲较差或厌食的母猪减料或停料。

（2）母体体况。较肥的母猪减少投料量，较瘦的增加喂料量。

（3）分娩日期。产前每天上午、下午各喂 1 千克；分娩当天停止喂料；产后第一天上午、下午各喂 0.5 千克，第二天上午、下午各喂 1 千克，如能吃完则逐天增加料量，哺乳期内每天吃料量应不低于 5 千克。

（4）驱虫。断奶前 1 天给母猪驱虫，每头猪 30~40 片盐酸左旋咪唑片。

（5）断奶当天减少喂料量，断奶前 3 天母猪应减料一半。

（6）并栏。尽量使每头母猪的有效奶头都用上，带仔 11~12 头，大小均匀。

（7）喂料时，将所有的母猪赶起来（正在分娩的母猪除外）吃料、饮水。

（8）记录吃料不正常的母猪，检查原因并作出处理，进行静脉注射和灌服补料等。

4. 给下列母猪饲喂轻泻剂（口服硫酸镁、硫酸钠、大黄、小苏打）

（1）未分娩母猪。

（2）产后 5 天内的母猪。

（3）便秘的母猪。

5. 供水

检查所有母猪和仔猪的饮水器是否正常，是否有水，仔猪加药、饮水系统应为三、三、三制。即连饮三天抗生素，三天清水，三天维生素类药物。

6. 粪便处理

铲去母猪后面及栏内的粪便，扫至过道上，用斗车拉到集粪池。具体做法如下。

（1）从仔猪最小日龄的产房开始。

（2）先从健康的仔猪铲起，后到腹泻的，绝对不可以不分腹泻与否而按顺序进行。

（3）每个单元使用的扫把、铁铲、刮粪器、拖把应固定，每次用

后应立即清洗干净并消毒。拉猪粪的斗车用水冲干净并消毒后备用。

7. 通风降温

每天上午温度高时打开风扇、滴水降温，产房用冲水器水龙头冲水 1 次，尽量保持产房干燥。

8. 仔猪补料

（1）仔猪 7 日龄开始调教开食，将饲料少量多次地撒在干净卫生并消毒的料槽内。

（2）早晨及时清除料槽的旧料和粪便污染的料，并换上新鲜料。以少量多餐的原则，视仔猪的采食情况而增加。

9. 检查母猪

（1）母猪分娩前 2 天应把产床清扫干净，并把母猪的腹部、乳房、臀部清洗干净，产仔前挂好灯泡，放好麻布袋。

（2）检查乳房，每天都要检查产前母猪乳房。如最后一对乳头能挤出大量乳汁时，母猪在 6 小时左右将要分娩。当阴户流出稀薄的带血的黏液（俗称破羊水）时，则表示母猪即将产仔，要做好接产的准备。

（3）每天都要对产后 1 周以内的母猪、厌食母猪、乳头红肿的母猪、所带仔猪发生下痢及生长不良的母猪做乳房检查，是否有坚硬、红肿、发热的症状，并做出处理。如有产仔少的母猪则安排并窝。

（4）检查阴道炎，有无不正常的阴道排泄物和肿胀的外阴。

（5）对食欲较差或厌食的母猪作出全面检查，如连续两餐没有吃料时，母猪应静脉注射 10% 葡萄糖。

（6）留意观察正在分娩的母猪是否因难产而需要助产，用尽量多的时间去照顾正在分娩的母猪。

10. 检查仔猪

（1）腹泻。认真查找原因，是病毒性、细菌性腹泻，还是饲料品质、寒冷等原因，以便对症治疗。1 窝仔猪如有 1~2 头仔猪腹泻，应全窝治疗，半数腹泻应全栏治疗，1 天 2 次。

（2）跛行。外伤、畸形或疫病，对症治疗。

（3）精神不振（怠倦），检查是寒冷还是疾病，对症治疗。

11. 出生仔猪处理

给前一天下午、晚上及今早出生的仔猪进行如下处理：

（1）剪牙。将仔猪上颚、下颚各 4 个犬齿剪去，要求平整。

（2）断尾。离尾根 2 厘米处剪断，并涂上碘酒。

（3）剪脐带。剪去过长的脐带，喷上碘酒。

（4）注射铁剂。每头仔猪注射 2 毫升富来血，必须用 7 号或 9 号针头按要求全部注射后腿内侧，可用手指按住注射部位片刻，以免铁剂外溢。对于体重较小、体弱的仔猪可推迟 1~2 天再剪牙、断尾及注射铁剂。

（5）阉割。将出生 4~5 天的小公猪去势，涂上碘酒。将小公猪睾丸送到配种怀孕舍。

（6）控温。如仔猪离开保温灯活动则关灯，对叠堆的仔猪要打开保温灯（可关窗）。

12. 调整仔猪（作出小范围调整）

根据仔猪的大小、出生日期、数量进行调整，避免将有腹泻的仔猪调到健康窝中去，初生仔猪要让其吸吮 2 小时初乳后方可并窝寄养，调整过程中寄入、寄出要做好记录。

13. 仔猪断奶程序

（1）坚持全进全出的原则，一次性断奶。对日龄特别小的仔猪和母猪可与下一组个别窝对换，但对下痢的仔猪绝不可移来移去，以防感染。

（2）断奶前 2 天，可把保温箱侧门拉起，让相邻两窝仔猪混群，增大仔猪活动范围，但对下痢的仔猪不要混群。

（3）刚断奶仔猪饲喂教槽料，同时可将部分饲料撒在地板上，第 4 天开始拌入断奶料，之后逐渐加大断奶料的比例，1 周后全面喂断奶料。要注意仔猪的采食量是有限的，每次放料不要太多，特别是断奶后 1~2 天，料应减少。

（4）断奶母猪转出产房应先消毒，驱除体外寄生虫。

（5）仔猪转出后，可立刻用喷枪对整个产房喷洗，但应先把灯泡、灯线等收集，以防打烂。水中可加入洗涤剂，再装好高压水枪进行冲洗，干爽后再用消毒药水消毒，最后用火焰枪消毒。

十、仔猪的饲养管理技术

培育仔猪的目标是获得较高的成活率、最大的断奶窝重和个体重。首先要从合理的选种、选配和正确的饲养妊娠母猪开始，为仔猪奠定优良的遗传基础和使得其在子宫期获得良好的发育，有高的初生体重和旺盛的生命力。在仔猪出生后，则必须根据仔猪的生长发育规律及其生理特点和营养需要，采取相应的技术措施，进行合理的培育。

（一）哺乳仔猪的生长发育和生理特点

1. 代谢机能旺盛，利用养分能力强，生长发育快

猪出生时体重不到成年体重的 1%，但出生后生长发育特别快。一般仔猪出生重 1 千克左右，10 日龄时体重达 2 倍以上，30 日龄时达 5~6 倍，60 日龄增长 15~25 倍，高的可达 30 倍。

仔猪的物质代谢旺盛，特别是蛋白质代谢和钙、磷代谢比成年猪高得多。一般 20 日龄的仔猪，每千克体重要沉积蛋白质 9~14 克，而成年猪每千克体重仅沉积蛋白质 0.3~0.4 克；仔猪每千克体重所需代谢净能是 301 千焦，是成年母猪 95 千焦的 3 倍；矿物质代谢也比成年猪高，每千克增重中含钙和磷分别为 7~9 克和 4~5 克。可见，仔猪对营养物质的需要，无论在数量和质量上都高，对营养不全的反应特别敏感。因此，对仔猪必须要保证全价营养的供应。

猪体体内水分、蛋白质和矿物质含量的比例是随年龄的增长而降低，而沉积脂肪的能力则随年龄的增长而提高，并且形成蛋白质所需要的能量要比形成脂肪所需要的能量约少 40%（形成 1 千克蛋白质只要 24.27 兆焦净能，而形成 1 千克脂肪则需 39.33 兆焦净能）。由此可知，仔猪比成年猪能更经济有效地利用饲料。所以，对哺乳仔猪，除应充分利用母乳外，还应合理补料加强培育，以充分发挥仔猪的最大生长潜力。

2. 消化器官不发达，消化功能不完善

仔猪的消化器官在胚胎期内虽已形成，但容积很小且功能不完善。仔猪初生时胃重5~8克、容积为30~40毫升，以后随日龄的增长而迅速扩大。20日龄时胃重达35克左右，容积扩大3~4倍，达100~140毫升。断奶时，小肠长度比初生时增长5倍左右，容积增加50~60倍；大肠长度增长4~5倍，容积增加40~50倍。由于仔猪的胃容积小、排空快，因此，每天饲喂次数要多，以适应其生理特点。

仔猪消化器官的晚熟，导致消化腺分泌及消化功能的不完善。初生仔猪胃内仅有凝乳酶，胃蛋白质很少，且由于胃底腺不发达，缺乏游离盐酸，胃蛋白酶没有活性，不能消化蛋白质，特别是植物性蛋白质。这时只有肠腺和胰腺的发育比较完善，胰蛋白酶、肠淀粉酶和乳糖酶活性较高，食物主要在小肠内消化。因此，初生仔猪只能吃奶而不能利用植物性饲料。

在胃液的分泌上，由于仔猪缺乏条件反射性的胃液分泌，只有当饲料直接刺激胃壁时才能分泌少量胃液。

随着日龄的增长和食物对胃壁的刺激，盐酸的分泌量增加。到35~40日龄时，胃蛋白酶才表现出消化能力，仔猪才能利用其他饲料，并进入"旺食"阶段。直至2.5~3月龄，盐酸的浓度才接近成年猪的水平。

哺乳仔猪消化器官不发达，消化腺功能发育不完善的又一表现是食物通过消化道的速度较快，食物进入胃内排空的速度，15日龄时为1.5小时，30日龄时为3~5小时，60日龄时为16~19小时。

哺乳仔猪消化器官不发达，消化腺机能发育不完善，构成了仔猪对饲料的质量、形态、饲喂方法和次数等饲养上的特殊要求。

3. 缺乏先天性免疫力，容易患病

因为母猪血管与胎脐带血之间被多层组织隔开，限制了母源抗体通过血液向胎儿转移，使仔猪出生时缺乏先天性免疫力。只有当仔猪吃到初乳后，靠初乳将母体的抗体传递给仔猪，并过渡到自身产生抗体时才能获得主动免疫力。

初乳中免疫球蛋白的含量虽高，但降低也快。而仔猪10日龄以

后才开始产生自身免疫抗体，30~35日龄前数量还很少。所以，仔猪在出生后的21日龄内最易下痢，这一时期是最关键的免疫期，并且此时仔猪已开始吃料，胃液又缺乏游离盐酸，对随饲料、饮水进入胃内的病原微生物没有抑制作用，从而造成仔猪多病易死亡。

4. 调节体温的功能发育不全，对寒冷的应激能力差

仔猪初生时，大脑皮层发育不全，调节体温、适应环境的应激能力差，特别是出生后第一天，在寒冷的环境中，不易维持正常体温，易被冻僵、冻死。

初生仔猪如裸露在1℃的环境中，2小时可冻昏、冻僵，甚至冻死。当环境温度低于临界温度（35℃）下限时，出生仔猪一般不能维持正常体温。所以对初生仔猪要加强保温措施，是养好仔猪的又一特殊要求。

（二）养好仔猪的3个关键时期

仔猪出生后，生活条件发生了巨大变化，由原来通过胎盘进行气体交换、摄取营养和排泄废物，转变为自行呼吸、独立生活。由原来的母体内环境十分稳定、不受外界条件的影响，到初生后直接与外界多变的环境接触。如果饲养管理稍不注意，就容易引起死亡。

实践证明，仔猪越小，死亡率越高，尤其以出生后7天内为最多。死亡的主要原因是下痢、发育不良、压死和冻死。因为这个时期仔猪体弱、行动不灵活、抗病和抗寒能力都差。所以，加强初生仔猪7天内的保温、防压和吃好母乳的护理是第一个关键时期。出生后10~25天，由于母猪泌乳一般是21天左右达到高峰后逐渐下降，需乳量升高与泌乳量下降发生矛盾，如果对仔猪不及早补上料以补充母乳的不足，则会造成仔猪瘦弱、发育不良，容易患病死亡，这是第二个关键时期。仔猪30日龄以后，食量增大，是仔猪由吃奶过渡到吃料独立生活的重要准备期，这是第三个关键时期。

在生产实践中根据仔猪的生理特点和几个关键时期的主要矛盾，总结出养好仔猪要注意做好"抓三食（奶食、开食、旺食）过三关（初生关、补料关、断奶关）"的工作。

（三）保证仔猪全活全壮的措施

1. 抓三防，过好初生关，提高仔猪成活率

仔猪出生后获得充足的母乳，是保证仔猪健壮发育的关键，防寒、防压、防病是提高成活率的根本措施。

（1）固定乳头，吃好初乳。初乳对仔猪有特殊的生理作用，初乳中含有丰富的蛋白质、维生素、免疫抗体和镁盐等，能增强仔猪的抗病力和具有轻泻性，可促进胎便排出，而且初乳酸度高，有利于消化道活动。初乳中的各种营养物质，在小肠内几乎能全部吸收，如果初生仔猪吃不到初乳，则很难成活，所以初乳是仔猪不可缺少和取代的食物。

为使全窝仔猪生长均匀健壮，应在仔猪生后 2~3 天内进行人工辅助固定乳头，让仔猪吃好初乳。母猪分娩后，将仔猪放在母猪身边，让仔猪自寻乳头，待多数仔猪找到乳头后，对个别弱小或强壮争夺乳头的仔猪再适当进行调整，将弱小的放在前边乳汁多的乳头上，强壮的放在后边的乳头上。如果仔猪少乳头多，可让它吃 2 个乳头，这样既可满足其对乳量的需要，又能不留空乳头，有利于促进乳腺发育和全窝仔猪的均衡发育。

固定乳头是项细致的工作，宜让仔猪自选为主，个别控制为辅，特别要注意控制个别好抢乳头的强壮仔猪。一般可把它放在一边（筐内），待别的仔猪都已固定了乳头，母猪放奶时再立即把强壮仔猪放在指定的乳头上吃奶。这样，经过几次辅助固定即可建立吃奶的位置，固定好乳头吃奶。

（2）防寒、防压、防病。初生仔猪 65% 的死亡发生在 1~3 日龄。因此，需多花点时间照顾好刚出生的仔猪。冬季或早春分娩造成仔猪死亡的原因主要是冻死或被母猪压死，尤其是出生后 3 天内，仔猪怕冷不灵活，不会吃奶，好钻草堆，更易被母猪压死。因此，加强护理，做好防寒、防压、防病的工作，是提高仔猪成活率的重要保证。

1）保温、防寒。仔猪适宜温度，出生后 1~3 日龄为 30~32℃，4~7 日龄为 28~30℃，15~30 日龄为 22~25℃，2~3 月龄为 22℃（成年猪 15℃）。

保温措施很多，可根据具体条件因地制宜。首先是调节产仔季节，采用春、秋季节适宜月份产仔。如全年产仔，应设产房，堵塞风洞、加铺垫草，保持舍内干燥，使舍温保持在 8℃ 以上，在仔猪躺卧处加铺垫草，天冷时可在仔猪窝上面悬吊一束干草把，让仔猪钻在干草下面取暖，这种方法既简便效果亦好。有条件时可采用红外线灯保温法，一般用 150~250 瓦红外线电灯泡，吊在仔猪躺卧处，调节距离地面的高度控制温度，如高 40~50 厘米，可使床温保持在 30℃ 左右。如用木栏或铁栏为隔墙时，可 2 窝仔猪共用 1 个电灯泡，设备简单方便，保温效果好。

2）防压。仔猪出生后 1 周内，压死的一般要占总死亡数的一大部分，这是因为初生仔猪行动不灵活，对复杂的外界环境不适应，加之母猪产后疲乏、行动迟缓或母性不强所致。防压的最有效措施是加强护理和设置护仔栏。

第一，保持母猪安静，减少母猪压死仔猪的机会；固定乳头，仔猪出生后如让自由哺乳，势必发生争夺乳头咬架，造成母猪烦躁不安，起卧易压死仔猪，所以在第一次哺乳时就人为地辅助固定乳头哺乳，是防止仔猪场争夺乳头的有效措施；剪犬牙，仔猪哺乳时，往往由于尖锐的犬齿咬痛母猪乳头或仔猪颊部，造成母猪起卧不安，容易压死仔猪，所以仔猪出生后应用偏口钳将仔猪 4 枚犬齿剪掉，注意断面要剪平整；摸透母猪生活规律、性情和个体特点，采取相应措施，防止压死仔猪。

第二，设置护仔间或护仔栏（架）。在猪圈的一角或一侧，用木栏、铁栏杆或砖墙隔开，设置护仔间（宽约 0.7 米，长度以容纳全窝仔猪采食为度，约 2 米即可），留有仔猪出入口。栏内铺垫厚而柔软的垫草，对初生仔猪用作防压保温，以后则作为补料间用，仔猪出生后即放入护仔间内取暖、休息，每隔 1~1.5 小时放出哺乳 1 次，经 2~3 天训练，仔猪即能养成自由出入的习惯。这样母猪、仔猪隔开定时哺乳，能保温、防压，一物多用，效果较好。

有的母猪体大笨重、行动迟钝，或母性不好，起卧时易踩压仔猪，特别是初生仔猪，更易出现被压死现象。为此，可在猪床靠墙三面用铁管或圆木在离墙和地面各 20~30 厘米处安装护仔栏（架），以防母猪沿墙躺卧时压死仔猪。

3）防病。防病主要是预防仔猪下痢。仔猪下痢多见于产后 3~7 日龄和 15~20 日龄，尤其以 7 日龄以内更为严重，俗称拉黄水（黄痢），此时死亡率最高，经济损失最大。造成仔猪下痢的原因很多，并且极为复杂，往往互相影响。如母猪过肥而造成初乳过浓，脂肪含量过高不易消化；或者母猪的饲料突然变化，引起乳汁成分改变，因而引起仔猪下痢；天气骤变、气温变化大，圈舍潮湿、卫生不良，病原微生物增多，仔猪啃食脏物或供水不足而喝了脏水、尿液等等，引起下痢。

仔猪黄痢是一种侵害 1~7 日龄仔猪为主的致病性大肠杆菌引起的传染病。根据致病性大肠杆菌是由口腔进入仔猪消化道而致病的病因，要及早预防，即仔猪出生后（1~2 小时内）尚未吃初乳前口服药物预防。

增效磺胺甲氧嗪注射液，口腔滴服每头 0.5 毫升，每天 2 次，连续 3 天。如有发病者继续投药，药量加倍。

硫酸庆大霉素注射液，8 万单位 / 支。口腔滴服，每头 1 万单位，每天 2 次，连续 3 天。

未见发病者则不再投药。停药后随时观察，如发现有发病的，药量加倍，继续治疗，直至痊愈为止。

在进行投药的同时，全场用 2% 烧碱进行大消毒。对发病较严重的圈舍，可采取综合防制措施，母猪临产前 2 天用 2% 烧碱冲洗圈舍，用 1‰高锰酸钾溶液刷洗母猪乳房、外阴部和后躯，仔猪出生后 10 日龄内严禁调圈和寄养。

4）仔猪寄养。在有多数母猪同期产仔时，对多产或无奶母猪的仔猪采取寄养是提高仔猪成活率的有效措施。寄养就是把一窝中多余的仔猪寄养给产仔少的母猪哺乳。2 头母猪的产仔日期应尽量接近，仔猪体重相差不大，以免有的仔猪吃不上奶而影响发育，并且要选择

性情温驯、泌乳量高和母性好的母猪寄养。

寄养能促进垫窝（僵）猪的发育。即是把一窝中最弱小的垫窝猪寄养给分娩较晚的母猪，延长它的哺乳期，促进生长发育。为了避免血统混杂，寄养时要给仔猪打耳号，以便识别。

2. 抓补料，过好补料关

仔猪的生长发育极为迅速，生长速度与其他家畜的同龄幼畜相比是最快的。但是，也只有充分满足其营养需要，才能达到快长的目的。从母猪的泌乳规律看，泌乳高峰是在 3~4 周内，随后泌乳下降。即使在泌乳高峰期，母猪的泌乳量也难满足仔猪体重日益增长的营养需要（见表 6-1）。

表 6-1 母猪泌乳量与仔猪营养需要

仔猪周龄	母猪乳汁满足仔猪营养需要的比例（%）
3	97
4	84
5	56
6	50
7	37
8	27

从表 6-1 看出，仔猪在 3 周龄前，母乳基本上能满足仔猪的营养需要，但 3 周龄以后母乳就难以满足其需要，如不及时补料，则会使仔猪生长发育受阻，断奶体重降低。另外，提早补料还可以锻炼仔猪的消化器官及其功能，促使胃肠发育，为安全断奶奠定基础。因此，引导仔猪开食补料的时间应在母猪泌乳量下降之前。

（1）矿物质的补充。仔猪出生后 2~3 天应补充铁。铁是造血和防止营养性贫血的必要元素，仔猪出生时体内储存铁约 50 毫克，铁每天约需 7 毫克，而母乳中含水量铁很少，每 100 毫升乳中仅含铁 0.2 毫克，仔猪从母乳中每天只能获得约 1 毫克铁。因此，仔猪体内储存的铁很快就会耗尽。如果得不到补充，在舍饲条件下，一般 1~2 周龄就可能会出现缺铁现象。

铜也是造血与合成酶的主要原料之一，有促进生长的作用，给仔猪补铁的同时也要补铜。

补充铁、铜最常用的方法是补给铁、铜溶液，即用 2.5 克硫酸亚铁和 1 克硫酸铜溶于 1 000 毫升水中，装于棕色瓶内，当哺乳时，将溶液滴于母猪乳头上让仔猪吸吮或用奶瓶喂给，每天 1~2 次，每头每天喂 10 毫升；也可在仔猪吃料时拌入料中给予，1 个月后浓度可提高 1 倍。另外，也可采用铁结合剂注射法，即是仔猪出生后 3 天，肌肉注射或皮下注射右旋糖酐铁钴合剂 1~2 毫升，7 天后再注射 2 毫升即可。

为满足仔猪对多种矿物质和微量元素的需要，可在仔猪 5 日龄开始在补料间内放置盛有骨粉、食盐、木炭末、红土或新鲜草根土，并拌上铁、铜溶液的小槽，让仔猪自由舔食。

近几年来，人们重视对硒的补充，特别是缺硒地区，可在母猪产前 1 个月肌肉注射 0.1% 亚硒酸钠溶液 5 毫升或仔猪出生后 3 天内肌肉注射 0.1% 亚硒酸钠 0.5~1 毫升，可防止下痢、肝坏死和白肌病，断奶时再注射 1 次。对已吃料的仔猪，按每千克饲料中加入 65~125 毫克铁和 0.1 毫克硒，即可防止铁、硒缺乏症。

（2）水的补充。仔猪生长迅速、代谢旺盛、需要水分很多，5~8 周龄的仔猪需水量为其体重的 1/5。母乳中的水分不能满足其需要，仔猪常感口渴，如果不供给清洁饮水，仔猪就会喝脏水或尿液，引起腹泻。因此，仔猪在 3~5 日龄起，就应在补料间内设置饮水槽，保证清洁饮水的供给。

（3）饲料的补充。补料的目的在于补充母乳的不足，刺激仔猪胃肠道的发育和减除仔猪牙床发痒，防止啃食异物引起腹泻。仔猪开始认料的早晚与其体质、母猪乳量、饲料的适口性和诱导训练的方法有关。

正确补料，应根据仔猪不同时期的特点采取不同方法，一般可分为调教期、适应期和旺食期。

1）调教期。从开始训练到仔猪认上料，约需 7 天，即是仔猪 7~15 日龄。这时仔猪的消化器官处于迅速生长发育阶段，消化功能不完善，母乳尚能满足仔猪的营养需要。但是仔猪开始出牙，四处活

动啃食异物。补料的目的是训练仔猪认料，锻炼仔猪的咀嚼和消化能力，并促进胃中盐酸的分泌，避免仔猪啃食异物，防止腹泻，为仔猪断奶打下基础。训练采取强迫性的办法，每天数次，把仔猪放到拌有香甜可口的干粉料补料间内，并安置饮水槽，让其自由采食。另外，也可根据仔猪好奇、模仿与争食的习性，采取母带仔、大带小的办法，即让仔猪跟随母猪或较大已能吃料的仔猪学习吃料，也能凑料。

2）适应期。从仔猪认上料到能正式吃料的过程为适应期，一般约需 10 天，即仔猪出生后 15~30 日龄。该阶段仔猪对植物性饲料有一定的消化能力，母乳不能满足仔猪的营养需要。补料的目的在于供给部分营养物质和使仔猪消化器官能适应植物性饲料，为旺食期奠定基础。该时期训练仍具有强迫性，在饲料种类上应尽量挑选仔猪爱吃的香甜可口的饲料，保证饲料的营养全面，每天可适当增加饲喂次数或让其自由采食。

3）旺食期。从仔猪正式吃料到断奶的一段时期，该阶段仔猪能大量采食和消化植物性饲料，补料的目的在于补充仔猪的营养需要，应尽量设法让仔猪多吃快长。

以上 3 个时期，主要的要求是让仔猪尽早认上料，缩短适应期，延长旺食期，增加采食量，达到多吃快长、提高断奶窝重的目的。因此，必须抓好以下几项工作：

1）根据仔猪采食的习性，选择香甜适口性好的饲料。如前期能供给新鲜的苜蓿、胡萝卜、大麦芽以及其他青绿多汁饲料和疏松可口的颗粒饲料或炒过的谷粒，并经常更换，对缩短调教期和适应期有重要作用。

2）补料方法应循序渐进、逐渐过渡、由少到多，使仔猪逐渐适应，自然地达到旺食的目的。

3）饲料应合理搭配、营养全面。仔猪生长迅速，需要营养丰富的全价饲料，每千克混合饲料中含消化能不应少于 13.8 千焦、粗蛋白不少于 22%、赖氨酸不少于 1%。为此，配合饲料时蛋白质饲料不应少于 30%，并应注意蛋白质的品质。仔猪最需要的赖氨酸、蛋氨酸和色氨酸不能全靠植物饲料供给，应给一定量的鱼粉等动物性蛋白质，仔猪需要的饲料少，利用率高，给予优质饲料不但是非常必要的，也是非常经济的。

4）补料次数要多，以适应仔猪消化系统的生理特点。由于仔猪胃的容积小且排空快，要摄取大量的营养物质，必须增加补料次数。仔猪补料最好采取自由采食，不能断水断料，以防饥饿过食引起消化不良，造成腹泻。对定时饲喂的补料次数要多，一般每天5~6次，其中1次宜在夜间，每次喂量不宜过多。

5）注意饲料调制，加强饲养卫生。注意饲料、料槽和用具的清洁卫生。

6）增加采食量，提高断奶窝重。旺食期增加采食量，是养好仔猪、提高断奶窝重的关键。至于补料量的量，可根据仔猪计划增重所需的能量减去母乳供给的能量，即可算出应补饲的能量，如已知某一补料的能量，即可算出应给的补料量。

母乳的消化率按97%计算，补料按每千克风干饲料含消化能13.4千焦计算，钙：磷按1：0.75计算。哺乳期平均每头仔猪补料量为23千克，其相应的采食量见表6-2所示。

表 6-2　哺乳仔猪采食量

日龄	10~20	21~30	31~40	41~60	全期
日均采食量（千克）	少量	0.1~0.25	0.3~0.55	0.6~1.2	
累计采食量（千克）	少量	1.75	4.25	14~20	23

3. 抓断奶，过好断奶关

仔猪断奶后掉膘、减重、体质变弱、生长发育受阻形成僵猪，甚至死亡，是生产上比较普遍存在的问题，常会造成重大损失。其主要原因包括：

（1）仔猪哺乳期有营养丰富的母乳和补给的饲料，生长发育所需要的各种养分基本上能得到满足。断奶后，不仅没有奶了，而且饲料

也差了，变化剧烈，仔猪适应不了。

（2）仔猪原来由母猪哺育，圈内环境安静，管理细致，断奶后突然变为群养，还经常互相咬架，环境变化太大。

（3）仔猪断奶前，一般是按窝补料，少吃多餐，甚至自由采食。断奶后实行群饲，饲喂顿数少，饲料质量也差，加上互相抢食，采食量必然减少，影响生长发育。

因此，抓好断奶，过好断奶关，是培育仔猪的又一个关口。应要做好以下工作：

（1）断奶时间。仔猪断奶的时间应根据猪场的性质、仔猪的体质、母猪利用强度和饲养条件而定，一般是45~60日龄断奶，也可采用20日龄或30日龄早期断奶，效果也较好，断奶方法有：

1）一次断奶。当仔猪达预期断奶日期，即将母猪、仔猪分开。由于断奶突然，易使母猪乳房胀痛不安或发生乳房炎，对母猪、仔猪均不利。所以在断奶前几天应减少母猪精饲料量和青绿饲料量，以降低泌乳量，并应加强母猪和仔猪的护理。但对泌乳量已很少的母猪，也可采用一次断奶。

2）分批断奶。即是按仔猪的发育、采食情况和用途分批断奶。将发育较好、采食性强拟作肥育用的仔猪先断奶，而体质较弱或拟作种用的后断奶。但对先断奶所留下的奶头，也应让仔猪吸吮，免患乳房炎。

3）逐渐断奶。即是预定断奶前几天，将母猪赶到离原圈较远的圈隔开，每天定时放回原圈，逐渐减少哺乳次数。在断奶过程中，应让仔猪先吃料后吃奶，一般经3~4天即可断奶。这样，可避免母猪感到不适，所以亦称安全断奶，多被采用。

（2）断奶仔猪饲养。仔猪断奶后往往由于生活环境的突然改变，导致食欲不振、增重缓慢甚至减重，尤其是补料晚的仔猪更为明显。为了过好断奶关，应做到饲料、饲喂方式和生活环境"两维持、三过渡"。即是维持在原圈管理和维持原饲料饲喂，做好饲料、饲喂方式和环境的逐渐过渡。

1）饲料过渡。首先在断奶前就要做好断奶的准备工作，让仔猪

习惯采食断奶后的饲料，并在旺食阶段锻炼仔猪的耐粗饲能力，在补料中适量加入优质干草粉，使仔猪有较大采食量和耐粗饲能力。断奶后半个月保持饲料不变，过后再逐渐改喂断奶仔猪的饲料。

2）饲喂方式的过渡。相对稳定的饲喂方式是促进仔猪生长的保证。断奶仔猪应先用原来的教槽料，待环境熟悉后再逐渐更换断奶料，更换原则和更换时间看情况。一般在断奶后 7 天左右开始，在 7 天内将饲料转至断奶料，中间一旦出现消化紊乱、下痢等情况，应立即停止换料，好转后再继续进行。

3）环境的过渡。断奶仔猪最好在原栏养 3~5 天。保育舍需要良好的小环境条件，温度、湿度易控制，卫生条件好。刚断奶仔猪在 10 天内勿注射疫苗，避免应激。断奶仔猪怕冷，会出现一个掉膘、体质下降的过程，要求舍内温度 27℃（哺乳时 25℃），以后每周下降 1~2℃，至 22℃恒定。昼夜温差不过大，无穿堂风，舍内要干燥、清洁、通风良好。现代化猪场多采用全进全出、高床漏缝地板。进猪前彻底清洁并消毒，空栏 1 周，避免不同批次仔猪间的相互感染。

（四）分娩舍仔猪的饲养管理技术

1. 初生至 3 日龄的饲养管理

65% 的仔猪死亡发生在 1~3 日龄。因此，多花点时间照顾好刚出生的仔猪将获得较多的收益。为了增加仔猪存活率，在饲养管理上应注意以下几点：

（1）母猪分娩时要有人员在旁照顾。了解分娩舍温度，防止刚出生的仔猪受凉，因为分娩舍中母猪与仔猪所需的温度不同。

仔猪出生后，需要立即除去身上黏膜与口腔黏液，使仔猪能自由呼吸。以手强力握住脐带之根部而将其中血液挤出，再用剪刀或手指在距离腹部约 5 厘米处剪断。压住伤口，防止其出血，然后用碘酒涂抹切口进行消毒。将仔猪放在保温区，并定期协助仔猪吸吮初乳。因为初乳中含有免疫球蛋白，可增加仔猪的抗病能力。

管理人员可以协助母猪生产，避免因难产或分娩时间过长，造成死胎的发生。

（2）保温与通风。保温对初生仔猪非常重要，不管采用何种保温方法，原则上仔猪出生后保温在 32~35℃，仔猪出生 1 周后开始降低保温区的温度，每隔一周降低 2~3℃。如果温度太高，仔猪会远离保温区；如果温度太低，仔猪会堆挤在保温区。

通风可减少分娩舍湿度、气味及母猪身上的热量。

（3）假死仔猪的处理。对假死仔猪，应先将鼻腔及口腔中黏液拭掉，抓住仔猪后肢，将其倒转，用手拍打背部；或使仔猪腹部朝上，左右手分持其前后肢，进行屈伸运动以促进呼吸（仔猪不动，但心脏还跳动，属于假死）。

（4）调整每窝仔猪，使其仔猪数相等。超过母猪乳头数目的仔猪，或母猪因难产而死亡，剩下的少数几头仔猪应寄养。最好在分娩后 2 天内进行，以母猪的胎衣、黏膜等涂抹在寄养仔猪身上，或用母猪尿液淋在寄养仔猪身上，同时在母猪鼻子和仔猪身上喷洒酒精，使母猪无法区别寄养仔猪。

（5）剪短犬齿及剪尾。在出生后 24 小时内剪短位于上颚、下颚两边 8 个尖锐的犬齿。剪齿时，使用已消毒的平钳剪，将犬齿剪短1/2，小心不要伤害到齿龈部位，以免引起颚部脓肿。集约化养猪，空间有限，猪只常咬其同伴，尾巴是最容易被咬的地方，这种伤害可能导致感染疾病。剪尾应在仔猪出生后 24 小时内进行，这样对仔猪造成的应激最小。一般用剪牙的平钳或耳号钳剪断尾巴，剪尾前将钳消毒。剪后用消毒剂擦拭伤口，一般 7~10 天内可痊愈。

（6）编剪耳号。仔猪出生后 3 天内应编剪耳号，特别是肥育猪舍，根据耳号可以核查猪只的日龄、同胞和母猪的生产性能。

（7）防止压死仔猪。仔猪出生后睡在母猪腹部周围，常有被母猪压死的危险，这种危险性以出后日翌日最高。要防止仔猪被压死，须在出生后第一天和第二天将仔猪关在保温箱内，白天每小时放出哺乳 1次，晚上 9：00 最后一次吸乳后，即关到第二天清晨 6：00 再放出哺乳。

（8）哺乳。分娩当天母猪乳汁虽少，但随时都有，翌日起须使全部仔猪一齐吸吮乳头，整个乳房给予按摩的刺激才膨胀而泌乳。泌

乳时 1 次只有十几秒，因此哺育的仔猪数不可超过母猪乳头数，过多会引起争食，互相争抢，体弱者争不到初乳，同时也会引起母猪的不安，不放奶。由于前面的第 1、第 2 对乳头分泌乳汁较多，吸吮第 1~2 对乳头的仔猪增重较快，故仔猪出生后，把较小的仔猪放在第 1~2 对乳头吸乳。

2. 仔猪 3 日龄至 3 周龄的饲养管理

本阶段的饲养管理要点包括防治贫血、控制下痢和去势等项目。

（1）防治贫血。预防仔猪发生贫血，注射铁剂是必要的。哺乳仔猪很容易发生缺铁性贫血，其原因是母猪初乳或乳汁中铁含量低，仔猪缺乏与含铁的土地相接触，哺乳仔猪生长速度快等。

缺铁性贫血在出生后 7~10 天可能会发生，在 3~4 日龄注射 1 克铁剂可预防。

通常铁剂只需注射 1 次，若母猪产乳量大，仔猪生长快而又未采食补料，则在断奶前进行第二次注射。

铁剂不可注射在腿部肌肉，应注射在颈部，如果注射在腿部肌肉，可能造成神经损伤。

（2）控制下痢。造成仔猪下痢的原因有贼风、保温不够、温差大、潮湿、初乳摄取不足、母猪奶水过多或奶水缺乏、寄养、仔猪出生后处理不当、传染病感染、免疫不当及分娩舍清洁不彻底等。

要预防下痢，应有一个干燥、温暖、无贼风的环境，每批母猪离开分娩舍后，分娩舍要进行彻底的清洁与消毒，预防传染性胃肠炎与猪赤痢的发生。治疗下痢时，口服药物比注射有效，通过饮水添加药物也是一种有效的方法。

（3）去势。去势就是将非种用公猪的两个睾丸阉割掉，是饲养管理中的一项例行工作。适宜的去势时间在 5~7 日龄，因为这时仔猪小，容易固定，手术后出血较少，有母猪初乳抗体的保护。去势使用干净、尖锐的手术刀片，去势前后要使用消毒剂对手术部位进行消毒。

3. 仔猪 3 周龄至断奶期间的饲养管理

随着日龄的增大，仔猪逐渐能适应周围的环境，仔猪在 3~4 周龄

时开始采食饲料，生长快速，在该阶段应尽量减少仔猪应激。

（1）为保证迅速的生长，应尽早采食饲料。母猪泌乳量在 3 周龄达到最高水平，随后逐渐下降。仔猪在 3~4 周龄时生长十分迅速，饲喂优质饲料才能满足仔猪的营养需要，保证仔猪的遗传潜力得以发挥，乳猪料中赖氨酸含量应在 1.1%~1.5%，粗蛋白含量应在 18%~20%。适时驱虫，如蛔虫、鞭虫和体外寄生虫等。

（2）减少断奶应激，仔猪断奶体重应大于 5.5 千克。如果断奶时间允许超过 2~3 天，那么每窝体重大的应先断奶，或先隔离母猪，仔猪在原栏多养 2~3 天。

按断奶体重将仔猪分栏，每栏数为 10~15 头，为避免断奶时下痢，限食 24 小时，但要提供充足饮水。

4. 仔猪的保健程序和喂料标准

仔猪的保健程序和喂料标准分别如表 6-3 和表 6-4 所示。

表 6-3　仔猪的保健程序

阶段	保健内容
出生后 0.5~1 天	称重，补铁剂 1 毫升，剪牙、断尾
出生后 3~5 天	补亚硒酸钠维生素 E0.5 毫升
出生后 4~7 天	去势
出生后 2 周	补铁剂 2 毫升，并栏
断奶前后 3 天	喂鱼肝油粉

表 6-4　母猪和仔猪的喂料标准

猪类别	饲喂阶段	饲料类型	喂料量 [千克 / （天·头）]
哺乳仔猪	产后至断奶	教槽料	0.18
产前产后母猪	前 3 天至后 3 天	哺乳母猪料	0~2.5
哺乳母猪	产后 4~18 天	哺乳母猪料	4.5~6
保育猪	断奶后 1 周	教槽料	0.2
	断奶后 2~3 周	断奶料	0.4
	断奶后 4~5 周	保育料	0.6~1.2

（五）保育舍仔猪的饲养管理技术

（1）保育栏应与产房的清洁消毒要求一样，进行彻底的清洁消毒，原则上清洁消毒1周后才能进断奶仔猪。

（2）检查好保育栏饮水器，关好门窗，确保一切正常后才能进断奶仔猪。

（3）仔猪在保育舍内要尽可能保持原窝同栏饲养，除了病猪可混养于病猪栏外，其他仔猪原则上不能混群。

（4）保育舍内的室温和通风要调节好，新进的断奶仔猪，其栏内的温度应为28℃，温度不够时可用保温灯调节，以后掌握每周降2℃。要注意关好保育舍的门窗，不能有穿堂风。夏季炎热高温的季节，若非刮风，可开窗通风换气，但晚上一定要关好门窗，门窗关闭后，可用排气扇通风。

（5）要保持保育舍内的良好卫生状况，每天都要清除漏缝地板下的粪便，并用水清洗，以免产生氨气。猪栏内的粪便可用刮粪器清除，但不能用水直接冲洗猪身。出入保育舍时均要踩过消毒池，双手在消毒盆中清洗消毒。

（6）断奶仔猪刚进入保育舍的头两天，饲料也应按"少喂多餐"的方式投料，不要一次投料过多，以防一些仔猪因过度采食而出现腹泻。两天过后未出现仔猪的严重腹泻时，可按正常投喂方式投料。要保证料槽经常有饲料，要经常检查饲料箱的出料口有无堵塞或被粪尿污染，要及时清除污染的饲料。

（7）断奶仔猪的饲料转换至少要5天的过渡时间，第一天和第二天用原先的饲料80%和要转换的饲料20%，以后每天减少原先的饲料20%，至第六天起完全转换，按照转换的饲料投喂。饲料转换过程中要密切注意猪群排粪情况，若饲料转换时发现很多仔猪腹泻，则要延长转换的时间。

（8）每天要注意观察仔猪的健康状况，有食欲不振、精神欠佳、下痢、跛脚、肿脚、咳嗽和其他疾病的仔猪，要及时治疗，病猪要及早转到病猪栏中。

（9）认真做好猪群的周转、病猪的治疗及死亡仔猪等记录。

（10）及时治疗各种有病的仔猪，早发现，早治疗。①减少仔猪应激。可口服补液盐——氯化钠3.5克，碳酸氢钠2.5克，氯化钾1.5克，葡萄糖20克，蒸馏水1 000毫升。每头20毫升，每天2次，连用2天。②治疗腹泻的方法。康宝1袋，痢特灵5克，维生素C 2支，青霉素2支，蒸馏水1 000毫升，混匀口服，10~20毫升／（头·次），每天2次，2~3天。③治疗僵猪的方法。肌苷4毫升+2支青霉素+维丁胶性钙2毫升＋复合维生素B 2毫升，每天1次，连用2天，同时肌肉注射2毫升富来血。④治疗关节炎的方法。地塞米松4毫升＋维丁胶性钙4毫升＋复合维生素B 4毫升，肌肉注射，每天1次，2~3天为1个疗程。⑤治疗不吃料的方法。50%葡萄糖15毫升＋庆大霉素4毫升，腹腔注射，每天1次，连用3天。

（11）断奶仔猪的饲养管理。①断奶后2周喂断奶料；②断奶后第3周喂断奶料加保育料，逐渐过渡到保育料；③驱虫，阿维菌素片5~6片／头；④注意观察猪群，发现疾病及时治疗。

（12）注意产房温度的控制和通风，栏舍要干爽，温度控制在27~35℃，发现腹泻、有病的仔猪要及时治疗。

（13）进行各种疫苗的免疫注射及体外寄生虫的驱虫工作。

十一、肉猪的饲养管理技术

肉猪在70~180日龄是生长速度最快的时期，从育成到最佳出栏体重，占养猪饲料总消耗的68.5%，此时期是养猪经营者获得经济效益高低的重要时期。肉猪的饲养管理相对比较简单，主要是提供充分的营养，做好舍内外卫生，提供充足饮水，保证猪只能充分生长发育。这一时期的工作目标为少投入、多产肉、高效益、质优价高。

（一）肥育猪的发育规律

1. 猪体重的增长

猪体重的增长速度变化规律是决定肉猪上市的重要依据之一，同

时也是检验肉猪日粮营养水平的重要依据。肉猪生长一般以平均日增重来度量，呈不规则的抛物线，在猪高速生长到减慢生长过程中有一个转折点，大致在成年体重的 40% 左右，相当于猪的屠宰体重，转折点的早晚因品种、环境条件等不同而异。通常在 6 月龄之前这一阶段。

2. 体躯各组织生长发育规则

猪体的骨骼、肌肉、脂肪的生长发育有一定规律，随着年龄增长，骨骼先发育，也最早停止，肌肉发育处于中间，脂肪是最晚发育的组织。具体情况因品种而异，现代肉型猪种在活重 30~100 千克时，肌肉保持高强度增长，此后下降。

（二）提高猪肥育效果的技术措施

1. 选用瘦肉型杂交猪

利用杂交优势是提高肉猪肥育效果的主要技术措施之一。

2. 适宜的饲养水平

饲养水平是猪一昼夜采食的营养物质总量，采食的总量越多，饲养水平越高，对肥育效果影响最大的是能量水平和蛋白质水平。

（1）能量水平。一定限度内采食越多，增重越快，饲料利用率越高，沉积脂肪越多，瘦肉率相应降低。所以兼顾肥育性能和胴体组成的变化，必须适度喂食。

（2）蛋白质水平。饲养最佳效果不仅需考虑蛋白质的水平，更要考虑氨基酸之间的平衡和利用率，否则生产效果不好，且易造成蛋白质的浪费。

在必需氨基酸中，赖氨酸是重中之重，各种必需氨基酸的量和比例均以赖氨酸为准平衡。必需氨基酸的配比见表 6-5。

表 6-5　必需氨基酸配比

项目	赖氨酸	蛋氨酸 + 胱氨酸	苏氨酸	色氨酸	异亮氨酸	亮氨酸	组氨酸	丙氨酸 + 酪氨酸	缬氨酸
蛋白质（克 / 千克）	70	35	42	12.6	38	70	23	67	49
理想蛋白比例（%）	100	50	60	17	55	100	33	91	70

（3）能量蛋白比。其直接影响瘦肉组织的生长，前者多则猪易肥，后者多则降低蛋白质的特殊功能与利用率。适宜的配比即效能配合，是日粮有效氨基酸与能量之间的平衡，有利于提高生产性能，降低生产成本。

（4）适宜的粗纤维水平。猪是单胃动物，对粗纤维的利用效率有限。一定条件下，适当提高粗纤维添加量可降低能量摄入，提高瘦肉率。添加量一般仔猪＜ 4%，肥育期应＜ 8%，成年可达 10%~12%。矿物质和维生素不可不用，但也不可多用。

3. 创造良好的环境条件

营养物质固然是养猪生产的物质基础，但养猪产品的生产效率，在一定程度上受圈舍环境条件的影响。

（1）适宜的温度、湿度。在诸多环境因素中，温度对肉猪的肥育效果影响最大。在适宜的温度条件下，生长快速，饲料利用率高，胴体品质好。

生长肥育猪的适温区比较宽，临界温度的高低因猪只体重大小（见表 6-6）、圈舍的密度、饲养水平等不同而异。

表 6-6　临界温度变化与体重的关系

体重（千克）	1~5	2~20	50	100
温度（℃）	30	28	21	18

若环境温度低于临界温度，则猪只采食量增加，生长速度减慢，饲料利用率低。若高于临界温度，则采食量、增重和饲料利用率都明显降低。

（2）舍内空气清新。注意通风换气，防止 CO_2、NH_3、H_2S 等有毒气体聚积，排通粪污，保持舍内清洁卫生、干燥、通风良好，定期消毒，加强舍外环境绿化。

（3）光照。研究表明，有无光照及光照时间长短对生产无显著影响。

4. 选择适宜的肥育方式

（1）快速育肥。

（2）分阶段饲养。

5. 适时出栏（影响出栏的因素）

（1）增重与胴体瘦度。根据猪的生长发育规律，全面权衡经济收益。

（2）以经济效益为中心。考虑不同市场对猪肉产品规格要求及售价的影响。

（三）肉猪的饲养管理要点

1. 科学配制日粮

根据生长发育规律和营养需要特点。分二阶段或三阶段配制日粮。

（1）二阶段。20~60 千克前，50~60 千克后。

（2）三阶段。断奶至 35 千克，36~60 千克，60 千克以上。

2. 饲喂方法

（1）拌湿生喂。

（2）日喂次数。

（3）先精后粗。

3. 管理中注意事项

（1）分群与调整。合理分群，及时调整。建立稳定的群居秩序，强调三点定位。

（2）饲料类型过渡，注意群体内健康，及时出栏及消毒。

（3）适度的群体规模与饲养刻度。每圈 10~20 头，均占地面积为 0.8~1 米²/ 头。

（4）做好防疫与驱虫。实施预防为主的方针，制定合理的免疫程序，定期消毒、驱虫。

（5）提供洁净的饮水。

十二、猪的配种技术

（一）配种舍的工作目标

（1）按生产计划完成每周的配种任务，保证全年均衡生产。

（2）配种分娩率达到 85% 以上。即以配 100 头母猪计算，从配种到母猪分娩，确保 85 头母猪进产房分娩。其中，在母猪妊娠过程中（114 天内），因返情、流产、空怀、因病淘汰、死亡、难产等原因引起未分娩母猪不超过 15 头。

（3）保证胎均产活仔 9.5 头以上，随着饲养管理水平提高，可要求每胎产活仔达到 10 头。

（4）保证转入基础群的后备猪合格率在 90% 以上。后备母猪引入场后，经饲养观察鉴定，由于患病、肢蹄损伤、无种用价值、僵猪等原因而淘汰 5%。转入生产线后，由于返情、不发情、习惯性流产、因病死亡和淘汰等原因淘汰 3%~5%。在做后备猪引进计划时，提前 2 个月引入，按生产需求量超 10% 引入后备母猪。

（5）保证种猪平均使用年限，公猪 2 年，母猪在 3.5 年以上。

（6）保证母猪群合理的胎龄结构，平均产历 4 胎左右。结构较合理的母猪群应为：1~3 胎母猪数占 30%~35%，3~6 胎母猪数占 60%，7 胎以上的母猪数占 5%~10%。

（7）全场母猪更新率为 25%~35%，公猪为 50%。第一、第二年度为 10%~15%（按全场满负荷生产的计划）。

（二）试情和发情鉴定

每天进行发情检查，每天上午、下午各 1 次，每次 30 分钟，有试情公猪在场，互相轮查，做好记录。

每天进行怀孕猪检查。每天上午、下午各检查 1 次，特别是在配种后 21 天和 43 天左右，查妊娠猪的返情、流产和空怀情况。

1. 安排好断奶母猪试情并合理分群

母猪断奶后一般在 3~7 天开始发情，此时要做好母猪的发情鉴定和公猪的试情工作。母猪发情稳定后才可配种，不要强配。母猪临断奶前 3 天开始限料以防发生乳房炎，断奶当天不喂料，断奶后母猪赶到运动场，自由活动 1~2 天，第三天赶回大栏，要注意强弱分群，自由采食。第四天用公猪试情（早、晚各 1 次，每次 5~10 分钟），待有部分母猪有发情表现时，把母猪赶到定位栏饲喂（这样可以减少母猪相互爬跨造成的肢蹄病，同时有利于母猪的发情鉴定），第五和第六天，每天赶公猪到定位栏试情，到第六和第七天，有 80%~85% 的母猪配种效果很好，到第十天有 95% 的母猪完成配种。

2. 安排好后备母猪试情

（1）后备猪选留后，适当控料，不使母猪过肥或过瘦（以 5 分评分，达到 2.5~3.5 分为标准），配种前 3 周开始，每头每天喂料 2.2~3.5 千克。

（2）后备母猪通常小群栏养（每栏 4~8 头），到场后的后备母猪先自由采食，再限制饲养 1 个月，最后优饲半个月参加配种。

（3）后备母猪在第一个发情期开始，采取短期控料与催情相结合的方法，达到同期及早发情的目的。

（4）刺激母猪发情的方法有：调圈与不同的公猪接触试情，尽量靠近发情的母猪，进行适当的运动，必要时注射孕马血清和绒毛膜促性腺激素等催情。

（5）后备母猪配种前驱除体内外寄生虫 1 次，进行疫苗注射。

（6）仔细观察初次发情期，并做好记录。

（7）后备母猪的配种必须在年龄达到 8 月龄以上，体重达到 110 千克以上，且最好在第三次发情时进行。

3. 发情鉴定

根据发情表现，做好发情母猪耳号、栏号记录，以便配种。发情

的具体表现有以下几点：

（1）阴户红肿，阴道内有黏液性分泌物。

（2）在圈舍内来回走动，频频排尿。

（3）神经质，发呆，站立不动。

（4）食欲差或完全废绝。

（5）压背静立不动，互相爬跨或接受公猪爬跨。

（6）有的发情不明显的，可用不同公猪试情，若接受爬跨的一般可判定为发情。

（三）配种过程

1. 配种程序和次数

配种程序一般为先配断奶母猪，再复配，后配后备母猪和空怀母猪。后备母猪采用 2 次本交和 1 次人工授精方式。断奶母猪和空怀母猪采用 1 次本交和 2 次人工授精的方式。参照"老配早，少配晚，不老不少配中间"的原则，采用杂交多重复配种方式，经产母猪间隔 12~24 小时，后备母猪间隔 12 小时。高温季节宜在上午 8：00 前、下午 5：00 后进行配种。

2. 本交辅助配种

配种前母猪后躯、外阴，公猪腹部、包皮及公猪、母猪的身躯应清洁消毒。将母猪赶到公猪栏内宽敞处，当公猪爬到母猪身上后，用手将公猪阴茎对准母猪阴门，使其插入，注意不要让阴茎打弯。

3. 观察交配过程

保证配种质量，射精要充分（表现是公猪尾根下方肛门括约肌有节律收缩，力量充分）。每次交配射精 2~3 次，有精液从阴道倒流。整个交配过程不得人为干扰或粗暴对待公猪、母猪。

确定母猪发情而又不接受爬跨时，应更换 1 头公猪或采用人工授精。母猪配完后要按压其背部，令其轻轻走动，不让精液倒流。配种完的公猪、母猪不能冷水淋浴。公猪配种后不宜马上剧烈运动，也不宜马上饮水。

（四）人工授精概况

1. 适宜的输精时间

断奶后 3~7 天发情的母猪,出现站立反射后 6~12 小时进行首次输精。后备母猪和断奶后 7 天以上发情的经产母猪,出现站立反射后立刻输精。输精前需要检查精子活力,活力低于 0.6 的精液不得使用。

2. 具体操作

(1)准备好输精栏、0.1% 高锰酸钾、消毒水、清水、抹布、精液、剪刀、针头及干燥清洁毛巾等。

(2)先用消毒水清洁母猪外阴周围、尾根,再用清水洗去消毒水,抹干外阴。

(3)将试情公猪赶至待配母猪前面(发情鉴定后,公猪、母猪不可再见面,直至输精),使母猪在输精时与公猪有口鼻接触。输完几头更换 1 头公猪,以提高母猪的兴奋度。

(4)从密封袋中取出无污染的一次性输精管(手不得触摸其前 2/3 部),在前端涂上对精无毒的润滑油。

(5)将输精管斜向上 45° 缓慢插入母猪生殖道内(谨防插入尿道内),当输精管插入 10~15 厘米后,转成水平。当插入 25~30 厘米时,会感觉到有阻力,此时输精管顶部已到子宫颈口(螺旋头式输精管要求旋转插入),用手将输精管左右旋转,顶部进入子宫颈第二至第三皱褶处,直至感觉其前端被子宫锁定为止(轻轻回拉不动)。

(6)从储存箱内取出精液,确认标签正确。

(7)小心摇匀精液,剪去瓶嘴,将精液瓶接上输精管,开始输精。

(8)轻压输精瓶,确认精液能流出。为了便于精液被吸入子宫,可用针头在瓶底扎一小孔,按摩母猪乳房、外阴或压背,使子宫产生负压将精液吸纳,决不允许将精液挤入母猪生殖道内。

(9)通过调节输精瓶的高低来控制输精时间,一般 3~5 分钟输完,最快不低于 2 分钟,防止吸太快,倒流也快。

(10)输完后在防止空气进入母猪生殖道的情况下,将输精管后端折起塞入输精瓶中,让其留在生殖道内慢慢滑落。于下班前集好输

精管，冲洗输精栏，输完 1 头母猪后，立即登记配种记录，如实评分。

3. 注意事项

（1）母猪的后躯和输精栏必须清洁干爽。

（2）输精时必须有公猪在场，最好是泡沫较多的成年公猪。

（3）输精时应尽量采用各种方法刺激母猪兴奋，绝对不可以将精液强行挤进子宫。

（4）输精完毕应继续刺激母猪 1 分钟。

（5）尽量使用两份不同编号的精液给 1 头母猪输精。

（6）因公猪不够用而采用人工授精需在第一次配种前 3~5 分钟注射 20 单位缩宫素。

（7）所有母猪配种应尽可能满足 3 次。

4. 说明

（1）精液从 17℃冰箱取出一般不需要升温，直接用于输精。

（2）输精管的选择。经产母猪用海绵头输精管，后备母猪用螺旋头输精管，输精前需检查海绵头是否松脱。

（3）两次输精时间间隔为 8 小时。

（4）输精过程中出现排尿情况要换 1 条输精管，排粪后不准再向生殖道内推进输精管。

（5）第三次输精才出现稳定发情的母猪加多 1 次人工授精。

（五）断奶母猪不发情原因分析及其对策

通常母猪断奶后很快就会发情，其发情出现的时间平均为断奶后 7 天，最早的为 2 天，最迟的为 17 天。母猪断奶后推迟发情或不发情，又称母猪断奶后乏情，是指经产母猪在仔猪断奶后 20 天内不能正常自然发情，甚至超过 30 天还未出现发情征象或母猪经久不再出现发情。这是目前瘦肉型品种及其二元杂交品种中普遍存在的一个繁殖障碍问题，而且在小型猪场中表现得尤为突出。

1. 不发情原因

母猪断奶后推迟发情或不发情的原因很多，最主要的有以下几种因素：

（1）青年母猪初配年龄过早。刚进入初情期的青年母猪，虽然其生殖系统已具备正常生殖机能，但并不是说此时就可以正式配种受胎。因为青年母猪过早配种受孕，不仅会导致初产仔少、仔猪初生重小、断奶重小和成活率低，而且还会影响母猪本身的增重。当其成年后，其体重明显小于相同品种的同龄母猪（一般轻25~40千克）。这种体重偏小的母猪，初产仔猪断奶后发情明显推迟，有的甚至经久不再发情。

（2）母猪断奶时失重过多。正常情况下，母猪经历一个泌乳期，体重都有不同程度下降，一般失重的比例约为25%，这并不影响母猪断奶后正常的发情配种。但是，如果日粮营养缺乏、泌乳量又大、带仔过多，母猪断奶时就会异常消瘦，体重下降幅度偏大，超过60千克，则母猪断奶后发情配种要明显推迟。

（3）季节影响。猪是多周期发情动物，可以常年发情配种。但在夏天炎热的季节（6~9月），仔猪断奶后7天，母猪发情率较其他季节要低20%。尤其是初产母猪更为明显，又比经产母猪要低25%。瘦肉型品种母猪及其二元杂交母猪对高温更为敏感，夏季气温在29.4℃以上会干扰母猪的发情行为的表现，降低采食量和排卵数。夏季持续32℃以上高温时，很多母猪停止发情。

（4）母猪过肥。有些母猪在哺乳期，泌乳量低，带仔头数少。也有猪场用高蛋白、高能量的日粮饲喂，长期不限量饲养，直至断奶时体重不减，体内沉积了大量脂肪，致使身体过分肥胖，造成母猪卵泡发育停止而不能正常自然发情配种。

（5）用料不科学。有些猪场不是使用母猪专用饲料，而是选用生长肥育猪饲料饲养母猪，尽管饲养成本较低，但由于不能满足母猪在不同阶段的营养需要，饲养时间稍长可使母猪的体况和生产性能下降。

（6）内分泌异常。猪断奶后持久存在部分黄体化的卵泡囊肿，致使卵巢静止，母猪断奶后长期不再发情。

（7）疾病因素。猪在分娩时产道损伤、污染、胎衣不下或胎衣碎片残存，子宫弛缓时恶露滞留，难产时手术不洁，人工授精时消毒不

彻底，配种时公猪生殖器官或精液内含有炎性分泌物，母猪有布氏杆菌或其他微生物感染引起的母猪生殖系统发生炎症。这些疾病因素均可造成母猪发情推迟或不发情。

2. 母猪断奶后推迟发情或不发情的处理办法

（1）正常掌握青年母猪的初配月龄。实践证明，国内培育品种及其杂交青年母猪，初配月龄不早于 8 月龄，体重不低于 100 千克。部分有经验的养猪场是让"三性"，即让过 3 个发情期，一般 1 个发情期为 18~21 天，故在初情期后约 2 个月，第四次发情时才将青年后备母猪投入配种繁殖。

（2）营养水平采用"低妊娠、高泌乳"的饲养方式。母猪的正确饲养方式应是"低妊娠、高泌乳"，即母猪在泌乳期间应让其自由采食以达最大的体况储备，使母猪断奶时失重不会过多。对初产母猪和体况较好的经产哺乳母猪采用一贯加强的饲养方式。瘦肉型品种及其二元杂交母猪每天给料量一般可按照 2+0.4× 哺乳仔猪头数的公式计算，即哺育 8 头仔猪的喂料量为 5 千克以上（2+0.4×8），哺育 10~12 头仔猪时，每天喂料量为 6 千克以上（2+0.4×10），整个哺乳期采用专用高营养水平哺乳母猪料，日喂 3~4 次。

（3）喷水、滴水降温。只要舍温升至 33℃ 以上时，可于上午11：00 和下午 3：00、下午 6：00 和晚上 9：00 各给空怀母猪身体喷水1 次。但当空气湿度过大时，采用喷水降温一定要配合良好的通风。对哺乳母猪可设计特制滴水降温装置。据报道，采用滴水降温的母猪日采食量可增加 0.95 千克，整个哺乳期母猪可少失重 13.7 千克。

（4）限料。一些猪场，母猪哺乳期饲养水平很高，在采取 28 天断奶措施情况下母猪哺乳期体重降低很少，膘情偏肥，往往影响母猪的发情配种。采取限制采食量方法或在母猪日粮中加入 5%~10% 青绿饲料，增加母猪的运动量和日光照射，可使母猪不致过肥。近年来，有些猪场为使母猪生活条件发生改变，采用饥饿刺激措施，母猪断奶后 1~2 天不喂料或日喂料量极少，但不可缺水。母猪在饥饿刺激下很快发情，在配种后立即恢复正常饲养。

（5）选用母猪专用全价料。母猪专用全价料一般根据母猪不同的生理阶段精心科学配制，日粮养分含量完全符合母猪的生理需要，可以保障母猪的正常繁殖性能。

（6）疾病防治。做好乙型脑炎、猪瘟、伪狂犬、细小病毒、布氏杆菌、弓形体等疾病的防治工作。对患有生殖系统疾病的母猪给予及时治疗。对出现子宫炎的母猪，用 2%~4% 的小苏打溶液 400 毫升或 1% 的高锰酸钾溶液 20 毫升或 50 毫升蒸馏水 +640 万单位青霉素 +320 万单位链霉素，导管输入冲洗，清除分泌物，每天 2 次，连续 3 天。同时，肌肉注射律胎素 2 毫升，孕马血清 10 毫升，维生素 E 2 支，维生素 A 1 支，促进发情排卵。

（7）对久不发情母猪的治疗方法，采取"一逗、二遛、三换圈、四药物治疗"的办法处理。①一逗。用试情公猪追逐久不发情的母猪，每次 15~20 分钟，连续 3~4 天。或将母猪放在同一圈内，通过公猪的爬跨等刺激，使母猪脑下垂体产生卵泡素，促进母猪发情排卵。②二遛。每天上午将母猪赶出圈外，运动 1~2 小时，加速血液循环，促进发情。③三换圈。将久不发情的母猪，调到有正在发情母猪的圈内，经发情母猪的爬跨刺激，促进发情排卵，一般 4~5 天出现明显的发情。④四药物治疗。

a. 绒毛膜促性腺激素（HCG）：一次肌肉注射 500~1 000 单位，如将 300~500 单位 HCG 与 10~15 毫升孕马血清（PMSG）混合肌肉注射，不仅诱情效果明显，且可提高产仔数 0.6~0.9 头。

b. 红糖水：以不发情或产后乏情的母猪，按体重大小取红糖 250~500 克，在锅内加热熬焦，再加适量水煮沸拌料，连喂 2~7 天。母猪采食后 2~8 天即可发情，并接受配种。

c. 公猪精液：公猪精液按 1：3 稀释，取 1~3 毫升喷于母猪鼻孔内，经过 4~8 小时母猪即表现发情，12 小时达发情高峰。16~18 小时配种最好，受胎率达 95%。

d. 公猪尿液：公猪尿液中含外激素，能刺激母猪垂体产生促性腺激素，促进卵泡成熟并排卵。输精时令母猪嗅闻公猪尿液 2~3 分

钟，再将输精管插入阴道内，来回抽动，刺激阴道壁和子宫颈 2~3 分钟后，再注入精液。可以使发情期受胎率提高 16.7%，平均窝产仔多 2.11 头。

e．子宫和卵巢：用去势母猪的子宫和卵巢 2~3 副，连喂母猪 2~3 天，4~5 天后即出现发情征状。

f．中药刺激催情：淫羊藿和对叶草各 80 克，煎水内服；淫羊藿 100 克，丹参 80 克，红花和当归各 50 克，碾末混入料中饲喂。

g．认真做好发情鉴定和产房接产工作。

（六）提高母猪配种分娩率的方法

母猪分娩率的高低是衡量该场母猪群高产能力的最关键的指标之一。影响母猪分娩率的直接原因是母猪配种后不受胎，出现返情。因此，只要将母猪的饲养管理做到适时配种，提高其配种质量，就可以减少母猪的配种后返情数，提高母猪的分娩率。

1．母猪妊娠初期（受胎后 1~25 天阶段）返情原因的分析和应采取的措施

（1）交配时间。应在公猪被允许爬跨后 6 小时后进行，根据"老配早，小配晚，不老不少配中间"的原则，经产母猪间隔 12 小时为其配种 2~3 次。

（2）公猪的精液品质。在配种间应进行精液品质检查，以保证最优秀的种公猪用于配种生产。

（3）人工授精中的正确输精。输精时母猪几乎无移动，输精被持续牢固紧锁，输精结束后几乎没有倒流。

（4）母猪的发情鉴定。发情不到火候强配母猪返情率较高，适时配种的效果最好。

（5）母猪的体况。母猪过肥或过瘦交配后受精卵不易着床，即便着床也易死或被吸收，造成产仔数减少，严重时出现配种后返情。因此，在这种情况下应先将母猪的体况调整到标准体况 3 分（1~5 分级）的程度后再进行配种。

（6）配种后母猪的管理。母猪在交配后饲料要减量，进行 3 个阶

段饲喂方式（即步步高）的饲养管理。在群饲的情况下应避免母猪之间互相打架，防止寒冷或暑气引起的应激反应。不喂发霉、变质饲料，防止中毒，防止劣性传染病的发生，防止机械性流产，减少应激等。

（7）外阴部、子宫的卫生。外阴部周围不干净，病菌易侵入，引起子宫炎症。在交配时由于公猪不干净，容易造成母猪生殖道疾病发生。因此，在交配前母猪的外阴部和公猪的包皮应进行清洗消毒后再进行交配。

2. 母猪妊娠后期（受胎后50~110天阶段）出现返情原因的分析和应采取的措施

（1）病毒引起返情。乙型脑炎、细小病毒病、伪狂犬病等病毒性疾病会引起母猪流产。因此，应严格按免疫程序，做好预防接种工作。万一发生流产时，不宜在流产后的发情期配种，应在下一个发情周期再配种。

（2）母猪自身原因引起的返情。有1.5%~2%的母猪没有特殊原因而发生流产，这一般称为习惯性流产。母猪连续2次、累计3次妊娠期习惯性流产，则应淘汰。

（3）管理问题引起的返情。打架、发生高热病等疾病，由于体温急速上升容易引起流产。另外，由于喂料量不足或变质，母猪太瘦也容易引起流产。因此，妊娠期母猪应放在定位栏单独饲喂，给料、给水充足，正规防疫，正常消毒，注意饲养管理。

（4）子宫内的残留物引起的不发情。母猪流产时虽然分娩出未成型的胎儿和胎衣等，但流产后不出现发情的话，在子宫内很可能有残留物，这时给母猪注射催产素或前列腺素等，使其排出宫内的残留物。

此外，母猪如果配种后出现返情，那么在下一次发情交配时要更换公猪，并且为了防止交配后再次发生流产，给母猪注射黄体激素也会有效果。

十三、猪的人工授精技术

1. 人工授精在养猪生产实践中的意义

猪的人工授精是指用器械采取公猪的精液，经过检查、处理和保存，再用器械将精液输入到发情母猪生殖道内以代替自然交配的一种方法，其在养猪实践生产中有如下意义：

（1）有效地改变了公猪、母猪的交配过程，更重要的是提高了公猪的配种效能。

（2）由于公猪配种效能的提高，故可选择最优秀的公猪用于配种，从而成为改良品种的有力手段。

（3）可以大量削减公猪的饲养头数，从而节约了饲养管理成本。

（4）由于受严格操作规程的制约，只有健康的公猪才用于人工授精，因此可防止多种疾病的传播，尤其是生殖道疾病的传播。

（5）人工授精所用的精液都要经过检查，保证质量后才用于输精。适时配种可以提高母猪的受胎率，尤其在夏天更为明显。

（6）可克服公猪、母猪体格差异太大带来的配种困难。

（7）稀释精液可以保存和运输，从而实现了公猪、母猪的异地配种，为猪的品种改良提供了便利。

2. 采精的操作规程

（1）采精员一只手戴手套，另一只手持37℃保温杯（内装一次性食品袋）用于收集精液。

（2）饲养员将待采精的公猪赶至采精栏，用0.1%高锰酸钾溶液清洗其腹部和包皮，再用温水（夏天用自来水）清洗干净。要避免药物残留对精子的伤害。

（3）采精员挤出公猪包皮积尿，按摩公猪包皮部，刺激其爬跨假台畜。

（4）公猪爬跨假台畜并逐步伸出阴茎，脱去外层手套，将公猪阴茎龟头导入空拳。

（5）用手（大拇指与龟头相反方向）紧握伸出的公猪阴茎螺旋状龟头，顺其向前冲力将阴茎"S"状弯曲拉直，握紧阴茎龟头防止其旋转，公猪即可射精。

（6）用四层纱布过滤收集精液于保温杯内的一次性食品袋内，最初射出的少量精液含精子很少，可以不必接取，有些公猪分 2~3 个阶段将精液射出，直到公猪射精完毕，射精过程历时 5~7 分钟。

（7）采精员在采精过程中应注意安全，一旦公猪出现攻击行为，采精员应立刻逃至安全角。

（8）下班之前彻底清洗采精栏。

（9）采精期间不准殴打公猪，防止出现性抑制。

3. 公猪的采精频率与调教

成年公猪每周可采精 2 次，青年公猪（1 岁左右）每周可采精 1 次，最好固定每头公猪的采精频率。

公猪采精调教要点：①后备公猪 7 月龄开始进行采精调教；②每次调教时间不超过 15 分钟；③一旦采精获得成功，分别在第二、第三天再采精 1 次，进行巩固掌握该技术；④采精调教要采用发情母猪诱导，观摩有经验公猪采精，以发情母猪分泌物刺激等方法；⑤调教公猪要有耐心，不准打骂公猪；⑥注意公猪和调教人员的安全。

4. 稀释液配制操作规程

（1）配制稀释液的药品要求选用分析纯试剂，对含有结晶水的试剂要按摩尔浓度进行换算（如含水葡萄糖和无水葡萄糖）。

（2）按稀释液配方，用称量纸、电子天平准确称量药品。

（3）按 1 000 毫升、2 000 毫升剂量称量稀释粉，置于密封袋中。使用前将称量好的稀释粉溶于定量的双蒸水中，可用磁力搅拌器助其溶解。

（4）用滤纸过滤，以尽可能除去杂质。

（5）用 1 摩尔/升稀盐酸或 1 摩尔/升氢氧化钠调整 BTS 精液稀释液的 pH 为 7.2（6.8~7.4）左右。稀释液配好后，应及时贴上标签，标明品名、配制日期和时间、经手人等。

（6）要认真检查已配制好的稀释液成品，发现问题及时纠正。

（7）液态状稀释液冰箱 4℃保存，不超过 24 小时，超过有效储存期的变质稀液应废弃。

5. 精液品质检查

（1）精液量。以电子天平称量精液，按每克 1 毫升计，避免以量筒等转移精液盛放容器的方法测量精液体积。

（2）颜色。正常的精液是乳白色或浅灰白色，精子密度越高，色泽越浓，其透明度越低。如带有绿色或黄色，则是混有脓液或尿液；若带有淡红色或红褐色，则是含有血液，这样的精液应舍弃不用，会同兽医寻找原因。

（3）气味。猪精液略带腥味，如有异常气味，应废弃。

（4）pH（酸碱性）。以 pH 计测量。

（5）精子活率。活率是指呈直线运动的精子百分率，在显微镜下观察精子活率，一般按 0.1~1 的十级分法进行。鲜精活率要求不低于 0.7。

（6）精子密度。指每毫升精液中所含的精子数，是确定稀释倍数的重要指标，要求用血细胞计数板进行计数或精液密度仪测定。血细胞计数板计数方法：①以微量加样器取具有代表性原精液 100 微升，3% 氯化钠 900 微升，混匀，使之稀释 10 倍；②在血细胞计数室上放一盖玻片，取 1 滴上述精液放入计数板的槽中，靠虹吸作用将精液吸入计数室内；③在高倍镜下计数 5 个中方格内的精子总数，将该数乘以 50 万，即得原精液每毫升的精子数（即精液密度），精液密度仪使用见说明书。

（7）精子畸形率。畸形率是指异常精子的百分率，一般要求畸形率不超过 18%。其测定可用普通显微镜，但需伊红染色，相差显微镜可直接观察活精子的畸形率。公猪使用过频或高温环境会出现精子尾部带有原生质滴的畸形精子，畸形精子种类很多，如巨型精子，短小精子，双头或以尾精子，顶体膨胀或脱落、头部残缺或与尾部分离、尾部变曲的精子，要求每头公猪每周检查 1 次精子畸形率。

按要求做好精液品质检查登记表。实事求是地填写种公猪健康状况登记表，从而真实地反映种公猪健康状况。

6. 精液的稀释

（1）精液采集后应尽快稀释，原精储存不宜超过 30 分钟。

（2）未经品质检查或检查不合格（活力 0.7 以下）的精液不能稀释。

（3）稀释液与精液要求等温稀释，两者温差不超过 1℃，即稀释液应加热至 33~37℃，以精液温度为标准来调节稀释液的温度，绝不能反过来操作。稀释时，将稀释液沿盛精液的杯（瓶）壁缓慢加入到精液中，然后轻轻摇动或用消毒玻璃棒搅拌，使之混合均匀。如做高倍稀释时，应进行低倍稀释（1∶2），稍待片刻后再将余下的稀释液沿壁缓慢加入，以免稀释过快造成精液品质下降。

（4）稀释倍数的确定。活率 ≥ 0.7 的精液，一般按每个输精剂量含 40 亿个总精子，输精量为 80~90 毫升确定稀释倍数。例如，某头公猪 1 次采精量是 200 毫升，活力为 0.8，密度为 2 亿个 / 毫升，则总精子数为 200 毫升 ×2 亿个 / 毫升 =400 亿个。要求每个输精量含 40 亿个精子，输精量为 80 毫升，输精头份为 400 亿 ÷40 亿 =10 份，加入稀释液的量为 10×80 毫升－ 200 毫升 =600 毫升。

（5）稀释后要求静置片刻再作精子活力检查，如果稀释前后活力一样，即可进行分装与保存；如果活力下降，则说明稀释液的配制或稀释操作有问题，不宜使用，并应查明原因加以改进。

（6）不准随意更改各种稀释液配方的成分及其相互比例，也不准几种不同配方稀释液随意混合使用。

几种常见精液稀释液的配方如表 6-7 所示。

表 6-7　几种常见公猪精液稀释液配方

成分	BTS	Guelph	Zorpva	Reading
保存时间（天）	3	3	5	5
D- 葡萄糖（克）	37.15	60	11.5	11.5
柠檬酸三钠（克）	6	3.7	11.65	11.65
EDTA 钠盐（克）	1.25	3.7	2.35	2.35
碳酸氢钠（克）	1.25	1.2	1.75	1.75

（续表）

成分	BTS	Guelph	Zorpva	Reading
氯化钾（克）	0.75	—	—	0.75
青霉素钠（克）	0.6	50万单位	0.6	—
硫酸链霉素（克）	1	0.5	1	0.5
聚乙烯醇（克）	—	—	1	1
三羟甲基氨基甲烷（Tris）（克）	—	—	5.5	5.5
柠檬酸（克）	—	—	4.1	4.1
半胱氨酸（克）	—	—	0.07	0.07
海藻糖（克）	—	—	—	1
林肯霉素（克）	—	—	—	1

注：①总量为1 000毫升；②要求双蒸水配制；③抗生素在使用之前加入；④液态状稀释液冰箱保存不超过24小时。

7. 精液的常温保存

（1）精液稀释后，检查精液活率，若无明显下降，按每头份80~90毫升分装。

（2）瓶上加盖密封，并在输精瓶上写清楚公猪的品种、耳号、采精日期（月、日）。

（3）置22~25℃的室温1小时后，直接（或用几层毛巾包被好后）放置17℃冰箱中。

（4）保存过程中要求每12小时将精液混匀1次，防止精子沉淀而引起死亡。

（5）每天检查精液保存箱温度并进行记录，若出现停电，应全面检查储存的精液品质。

（6）尽量减少精液保存箱开关次数，以免造成精子的死亡。

8. 输精评分

输精评分的目的在于如实记录输精时的具体情况，便于以后在返情失配时查找原因，制定相应的对策，在以后的工作中作出改进的措施。输精评分分为3个方面3个等级：①站立发情。1分（差）、2

分（一些移动）、3分（几乎没有移动）。②锁住程度。1分（没有锁住）、2分（松散锁住）、3分（持续牢固锁住）。③倒流程度。1分（严重倒流）、2分（一些倒流）、3分（几乎没有倒流）。

为了使输精评分具有可比性，所有输精员应按照相同的标准进行评分，且单个输精员应做完1头母猪的全部几次输精，实事求是地填报评分。

具体评分方法，比如1头母猪站立反射明显，几乎无移动，持续牢固紧锁，一些倒流，则此次配种的输精评分为332，不需求和。

评分报表可以设计为如表6-8所示（仅供参考）。

表6-8　输精评分的参考报表

与配母猪	日期	首配公猪	评分	二配公猪	评分	三配公猪	评分	输精员	备注

9. 实验室的规范管理

人工授精站是精液检查、处理、储存的场所，为了生产出优质、符合输精要求的精液，一定要把好质量关，保证出站的每一瓶精液的活力不低于0.7，保存72小时内的活率不受影响。因此，需要对实验室日常运作做如下规定：

（1）实验室要求整洁、卫生，每周彻底清洁1次。

（2）非实验室工作人员在正常情况下不准进入实验室。

（3）所有仪器设备应在仔细阅读说明书后，由专人按操作规程使用和维护保养，特别是高压蒸气灭菌器、超声波洗净器、双蒸水器使用时更要注意人身安全。

（4）各种电器设备应按其要求选择适应插座，除冰箱、精液保存箱、恒温培养箱外，一般电器要求人走电断，干燥条在无人时设定温度不应高于100℃。

（5）所有器皿应以洗洁精或洗衣粉清洗干净，以自来水清洗后，

再以蒸馏水漂洗，60℃干燥（玻璃用品干燥温度可高于100℃）后，以锡纸包扎器皿开口，玻璃器皿180℃干热灭菌1小时。非耐热器皿、用具以高压灭菌器121℃，湿热灭菌20分钟。

（6）精液稀释液的配制、精液检查、稀释和分装均按照以上人工授精操作规程进行。

（7）实验室仪器设备保持清洁卫生。实验室内使用的仪器设备，如显微镜、干燥箱、水浴箱、17℃精液保存箱、冰箱、37℃恒温板及电子天平等，必须保持清洁卫生。显微镜头（目镜和物镜）应每两周用二甲苯浸泡1次，保持清洁。

（8）采精室与实验室之间的传递口的两侧窗，只有在传递物品时才能按先后顺序开启使用。

（9）实验室地板、实验台保持卫生整洁。

（10）下班离开实验室前再次检查电源、水龙头、门、窗是否关闭好，做到万无一失方可离开实验室。防火防盗，确保安全。

第七章　猪场经营管理

一、猪场生产管理

(一)种肉猪生产技术指标

猪场的生产指标主要包括配种分娩率、胎均活产仔数、胎均总产仔数、出生重、断奶成活仔数、断奶仔猪成活率、断奶体重、保育成活率、上市正品率、上市体重及料肉比等（见表7-1）。

表 7-1　生产技术指标

项目	长大或大长	长大或大长
年龄	1~2 年	2 年以上
配种受胎率（%）	90	92
配种分娩率（%）	85	87
胎均总产仔数（头）	10~11	10.5~11.5
胎均活产仔数（头）	9.5~10	10.2~10.5
出生个体重（千克）	1.2~1.4	1.3~1.5
胎均断奶成活仔数（头）	9.2~9.7	9.9~10.2
21 日龄个体重（千克）	6	6
7 周龄个体重（千克）	15	15
断奶仔猪成活率（%）	96	96
保育期成活率（%）	98.5	98.5
保育上市正品率（%）	96	96

(二)猪场每周工作日程

因为小型猪场的周期性和规律性相当强，生产过程环环相连，所以要求全场员工对自己所做的工作内容和特点要非常清楚，做好每天例行的工作事项（见表7-2）。

表 7-2　每周工作日程

日期	配种妊娠舍	分娩保育舍	保育舍
星期一	大清洁，大消毒，淘汰猪鉴定	大清洁，大消毒，断奶母猪淘汰鉴定	大清洁，大消毒，淘汰猪鉴定

（续表）

日期	配种妊娠舍	分娩保育舍	保育舍
星期二	更换消毒池药液，接收断奶母猪，整理空怀母猪	更换消毒池药液，断奶母猪转出，空栏冲洗消毒	更换消毒池药液，空栏冲洗消毒
星期三	不发情、不妊娠的猪集中饲养、驱虫、免疫注射	驱虫、免疫注射	驱虫、免疫注射
星期四	大清洁，大消毒，调整猪群	大清洁，大消毒，仔猪去势，僵猪集中饲养	大清洁，大消毒，调整猪群
星期五	更换消毒池药液，临产母猪转出	更换消毒池药液，接收临产母猪，做好分娩准备	更换消毒池药液，空栏冲洗消毒
星期六	空栏冲洗消毒	仔猪强弱分群，初生仔猪剪牙、断尾、补铁等	出栏猪鉴定
星期日	妊娠诊断，设备检查维修，填写周报表	清点仔猪数，设备检查维修，填写周报表	存栏盘点，设备检查维修，填写周报表

（三）猪场存栏猪结构标准

1. 猪群的划分

在养猪生产中，猪群类别一般分为以下几种：哺乳仔猪、断奶仔猪、生长肥育猪、后备猪、鉴定种猪、基础种猪、淘汰猪。

2. 猪场种猪存栏结构

以万头生产线为例，有妊娠母猪 350 头，临产母猪 20 头，哺乳母猪 70 头，后备母猪 50 头，空怀断奶母猪 30 头，成年公猪 10 头，后备公猪 2 头，仔猪 1 420 头，合计 1 952 头（其中基础母猪 470 头），年上市仔猪数为 10 030 头（见表 7-3）。

各类猪群存栏头数计算公式如下：

妊娠母猪数 = 周配母猪数 ×16 周 ×95%（配准率）

临产母猪数 = 周分娩母猪数 = 单元产栏数

哺乳母猪数 = 周分娩母猪数 ×3.5 周

空怀断奶母猪数 = 周断奶母猪数 + 超期未配及妊娠检查空怀母猪数（周断奶母猪数的 1/2）

后备母猪数 =（成年母猪数 ×30%÷12 个月）×4 个月 ÷90%（合格率）

公猪数 = 周配母猪数 ÷1.5（使用强度）（"1+2"配种方式）（老场——每万头生产线存栏 4 头成年公猪，1~2 头后备公猪）

仔猪数 = 周分娩胎数 ×7 周 ×10.2 头 / 胎

年上市仔猪数 = 周分娩胎数 ×52 周 ×10.2 头 / 胎（仔猪 7 周龄上市）×96%×98.5%

成年母猪年淘汰（更新）率 27%~33%，成年母猪年产胎数 2.3 窝，年均提供上市仔猪数 22.2 头。

表 7-3　年上市万头仔猪的商品猪场猪群结构

类别	数量（头）	备注
妊娠母猪	350	
临产母猪	20	
哺乳母猪	70	
后备母猪	50	基础母猪 470 头，每胎产活仔数按 10.2 头计算，年上市仔猪 10 030 头
空怀断奶母猪	30	
成年公猪	10	
后备公猪	2	
仔猪	1 420	
合计	1 952	

（四）猪场的生产记录

主要有种公猪卡、种母猪卡、母猪产仔哺乳记录、配种记录、后备猪生产记录、种猪性能测定记录、饲料消耗记录、猪群防疫记录、疾病诊疗记录、种猪淘汰记录及仔猪上市记录等。

（五）猪场的生产计划

1. 年度生产计划

主要确定全年产品的生产任务，以及完成这些任务的组织措施和技术措施，并规定物资消耗限额，以便合理安排全年生产活动。主要考虑以下几项生产指标：

（1）猪场饲养规模。主要是该场饲养的基础母猪的数量。

（2）出售种猪及自留种猪的数量。

（3）出售肥育猪的数量。

（4）产仔窝数、窝产活仔数、成活头数。例如基本母猪年产 2.25 窝，每窝产活仔 10.3 头，断奶成活 9.5 头。

（5）淘汰率。基本母猪淘汰率为 25%，基本公猪淘汰率为 50%。

（6）后备母猪的选留数。2 月龄时为淘汰母猪数的 4 倍，4 月龄时为淘汰母猪数的 3 倍，6 月龄时为淘汰母猪数的 2 倍，8 月龄时为淘汰母猪数的 1.5 倍。

（7）肥育猪肥育周期。生长肥育猪 6 个月出栏，淘汰猪肥育 2 个月出栏。

（8）种公猪负担的种母猪比例。本交为 1∶20，人工授精为 1∶60。

（9）哺乳仔猪断奶日龄。本方案按 24 日龄断奶。

2. 配种分娩计划

是指编制计划出全场所有繁殖母猪各个月交配的头数、分娩胎数和产仔数。它是组织猪群周转的主要依据，也是实施选种选配、开展繁殖工作的必要步骤。由于配种分娩是完成繁殖任务的保证，故制定该计划时要保证能充分合理地利用全部种猪，提高产仔数和育成率。还应充分地利用本场的人、财、物。

3. 猪群周转计划

猪群结构在一年中，由于生产、销售、生长等原因经常发生变化，为了有计划地控制这种变化，以便完成生产任务，并保证饲料供应和基本建设投资，应编制猪群周转计划。制订猪群周转计划，主要是确定各类猪群的头数，猪群的增减变化，以及确保年终保持合理的猪群结构。

4. 饲料供应计划

饲料供应计划应根据猪场生产来拟定，其制定方法如下：①确定猪场各个月及全年发展的头数；②确定猪群的饲料定额；③计算饲料需要量。

5. 药品等物质供应计划

药品等物质供应计划是根据本场饲养猪的平均头数，计算猪全年所需的药品和其他物质消耗。编制时按每头猪多少钱计算，对于不同类群的猪，应根据记录卡算出各自的平均数。

6. 劳动工资计划

根据平均饲养猪的天数及劳动定额来确定计划用工，预算出劳动工资，编制出工资计划。

7. 基建计划

根据计划期内猪群的头数，提出添置各类房舍的面积、材料、用工及数量等计划。

（六）猪场的经营核算简述

猪场的经营核算，就是对生产过程中经济活动所发生的物质消耗及取得的生产成果进行核算。

1. 生产费用成本

指支付的劳动报酬和消耗的物质价值这两部分之和。

2. 收入

是出售产品获取的毛利。

3. 利润

是销售收入扣减产品成本的余额。

4. 衡量猪场经济效益的指标

包括产品生产指标、产品完成率、饲料报酬率、成本利润率、产值利润率、资金利润率和投资利润率。

5. 猪场的经营生产盈亏平衡分析

也就是猪场的成本、产量、利润三者之间的关系分析，又叫保本分析。首先计算出保本点，所谓保本点，就是生产（或销售）产品的总收入正好等于其总成本的那一点。计算出保本点，猪场经营者就能根据预计的经营活动水平（产量或销量）来预测将来会实现的盈利或出现的亏损。这对猪场做出正确的决策、选用最优的方案，有着非常重要的作用。

6. 财务管理

财务管理在猪场经营管理中具有重要意义。猪场的财务计划是在生产计划的基础上制订的，它从财务方面保证生产计划的实现。财务管理主要是认真执行财务计划，严格控制计划外开支。这些日常的财务管理工作，主要通过财务人员和物资保管员来进行。

7. 猪场的经济核算

猪场的经济核算，就是对生产过程中经济活动所发生的劳动消耗、物资消耗及其取得的成果进行核算。一个猪场要实现以尽可能少的劳动消耗和物质消耗、生产出尽可能多的优质产品、取得最大的经济效益，就应遵循价值法则，建立和完善经济核算制度，对经济过程中的劳动消耗、物质消耗及其成果实行全面系统的核算。通过核算，可及时考核和监督各种经济活动情况，了解财务管理，杜绝浪费，降低成本，增加收入，保证经营盈利。猪场产品成本是衡量养猪生产经营管理质量的一个综合性经济指标。核算猪产品的成本，对于节约开支、降低成本、改善经营管理均有重要的作用。

8. 猪场的经济活动分析

猪场的经济活动分析是根据经济核算所反映的生产情况，对猪场的产品、劳动生产率、猪群与其他生产物质的利用情况、饲料等物资供应程度、产品成本、产品销售及盈利和财务情况，经常进行全面而系统的分析。检查生产计划完成情况，以及影响计划完成的各种有利条件和不利因素，对猪场的经济活动作出正确的评价，并在此基础上制定下一阶段保证完成和超额完成生产任务的措施。

经济活动分析的常用方法主要是根据核算资料，以生产计划为起点，对经济活动的各个部分进行分析研究。通过计划资料和核算资料的整理和比较，检查本年计划完成情况，比较本年度和上年度同期的生产结果，检查生产发展速度和水平等。最主要的是查明造成生产水平高或低的原因和制定今后的措施。所以，猪场也应和先进猪场进行比较，找出差距，借鉴先进经验，推动本猪场生产。

9. 降低成本的途径

主要有两个方面：一是努力提高产量；二是尽可能节约开支、降低成本。如果生产费用不变，产量与成本成反比，即产量越高，单位产品的成本越低。因此，在养猪业中，应努力提高猪群质量，提高其繁殖率、日增重和饲料利用率。

在保证生产的前提下，节约开支、压缩非生产费用是降低成本的主要途径。根据上述关于成本构成项目的分析，主要的成本项目为固定资产折旧、各种原材料消耗、生产人员的劳动报酬和企业管理费用。节约开支也就是从以下 4 个方面入手：一是充分合理地利用猪舍和各种工具及其他生产设备，尽可能减少产品所应分摊的折旧。二是节约使用各种原材料，降低消耗，其中包括饲料、垫草、燃料及药费等。三是努力提高出勤率和劳动生产效率。在实行工资制的劳动报酬下，在每天报酬不变的前提下，劳动效率和劳动生产率越高，产品生产中支付的工资越少。所以，在保证劳动者健康和收入水平的原则下，努力提高劳动生产效率是降低成本的一条重要途径。四是应尽可能精简非生产人员，精打细算，反对铺张浪费，节约企业管理费用。增加生产与节约开支是降低成本的两方面，它们互相联系，并直接影响成本水平。节约开支，必须注意保证增产；采取增产措施，又要注意经济效果。只有进行全面的分析，才能达到降低成本、提高经营成果的目的。

（七）猪群成本计算

1. 母猪群成本计算程序

母猪群主要用于繁殖仔猪，其主要产品是仔猪，副产品是猪粪。成本计算程序为先计算生产总成本，再计算仔猪落地成本、断奶保育猪（50 日龄）头成本及增重的单位成本，最后计算商品猪头成本与增重的单位成本。

计算头成本或增重的单位成本要依据统计报表中的一些基本数据，核算出各猪群的总费用，并根据各猪群的饲养头数、增重、副产品等资料，计算各类猪群的饲养成本。

2. 养猪生产成本

由直接费用与间接费用组成。

（1）直接费用。它包括：工资、福利费、饲料费、水电费、医药费、猪摊销费、固定资产折旧费、维修费、低值易耗品费用及不能直接列入以上各项的直接费用。

（2）间接费用。它包括两项：一是共同生产费，是指在几种猪群内分配的生产费用；二是企业管理费，是指按一定比例分摊管理费。

1头母猪成本计算见表7-4。

表7-4　1头母猪成本计算（年）

顺序	项目	金额（元）	比例（%）	备注
1	人工费			
2	饲料费			
3	药品费、疫苗费			
4	后备猪补栏费			
5	水费、电费、取暖费			
6	配种费			
7	维修费			
8	低值易耗品费			
9	折旧费			
10	管理费			
11	利息			
合计				

3. 猪场生产情况

猪场生产情况见表7-5、表7-6和表7-7。

表7-5　配种分娩情况

配种情况（头）						分娩情况（头）			
计划	完成	完成率（%）	分娩率（%）	空怀	流产	计划窝数	完成窝数	完成率（%）	窝均活仔

表7-6　断奶上市情况

断奶情况（头）				上市情况（头）			
计划窝数	完成窝数	完成率（%）	总仔数	窝均活仔	计划数	实际数	完成率（%）

表7-7　死淘情况及存栏情况

死淘情况（头）				存栏情况（头）		
种猪	哺乳仔数	断奶仔数	残次仔数	公猪	母猪	仔猪

4. 猪场生产成本

猪场生产成本见表7-8。

表7-8　猪场生产成本

项目		本月数	上月数	对比
母猪分娩窝数（窝）				
仔猪调出（头）	计划			
	完成			
	其中：次品			
	完成率(%)			
单头收入（元）				
调出仔猪头均成本（元）	仔猪耗料			
	仔猪耗药			
	制造费用			
	种猪耗料			
	种猪耗药			
	种猪转移值			
单头成本（元）				
单头毛利（元）				
种猪存栏（头）	数量			
	存栏值			
	平均			
本月利润（元）				
本年累积（元）				

5. 生产费用

生产费用见表 7-9。

表 7-9　生产费用

本月调出仔猪（头）		单头成本费用（元）
制造费用（元）	工资	
	伙食费	
	动力费	
	折旧费	
	差旅费	
	运杂费	
	接待费	
	租赁费	
	通讯费	
	办公费	
	车辆费	
	福利费	
	维修费	
	费用摊销	
	劳保费	
	其他费用	
	小计	
成本（元）	仔猪耗料	
	仔猪耗药	
	种猪耗料	
	种猪耗药	
	种猪转移值	
	小计	
成本合计（元）	合计	
期间费用（元）	管理费用	
	财务费用	
	小计	

（八）猪场的经济目标考核

1. 考核目的

强化猪场的规范化管理，增强员工的责任心，降低生产成本，提高生产成绩。

2. 考核项目

考核项目定为 5 项：①遵守规章制度情况；②工作态度；③生产成绩；④母猪药费；⑤母猪死淘率。其中第一项和第二项以员工个人为单位参加考核，第三项以员工所在组为单位参加考核，第四项以员工所在的生产线为单位参加考核，第五项以全场为单位参加考核。

3. 考核办法

（1）第一项考核办法占 10 分，凡有违反场规场纪行为的作扣分处理，每个月评比 1 次，3 个月的平均分即为该员工该季度的得分。

（2）第二项考核办法占 10 分，每个月评比 1 次，3 个月的平均分即为该员工该季度的得分。具体评分办法为：卫生状况占 2 分；操作情况占 2 分；猪只健康状况占 6 分。

（3）第三项考核办法占 60 分（保育舍占 70 分），每个季度评比 1 次，具体配种分娩率考核指标如表 7-10 所示。

表 7-10　配种分娩率考核指标

组别	项目	得分比例	目标值	备注
配种怀孕组	配种分娩率（%）	10 分	85	
	优良公猪比率（%）	5 分	20	
	母猪年产胎数（胎）	10 分	2.1	
	空怀母猪存栏数（头）	5 分	80%	
	每胎活仔数（头）	15 分	后备 9.5 头，经产 10 头	
	每胎非活仔数（头）	15 分	5~8 月 0.8，其他月份 0.6	
分娩组	断奶成活率（%）	30 分	96	
	断奶母猪配种率（%）	30 分	75	8 天内
保育舍	上市成活率（%）	30 分	98	
	上市合格率（%）	20 分	98	
	上市重量（千克）	20 分	15	50 天

1）配种分娩率。

配种分娩率＝本季度分娩母猪总数÷对应母猪在配种期间的配种总数

以目标值为基准数，达基准数者得10分，高于基准数1%加2分，反之扣2分。

2）优良公猪比率。

优良公猪比率＝优良公猪数÷公猪总存栏数

以目标值为基准数，达基准数者得5分，高于基准数5%加1分，反之扣1分。

3）母猪年产胎数。

母猪年产胎数＝本季度产仔窝数÷全生产线开产母猪数

以目标值的1/4为基准数，达基准数者得10分，高于基准数0.1窝加2分，反之扣2分。

4）空怀母猪存栏数。

空怀母猪存栏数＝本季度每周末空怀母猪数总和的平均数

以目标值为基准数，达基准数者得5分，低于基准数2头加1分，反之扣1分。

5）每胎活仔数。

每胎活仔数＝本季度产活仔总数÷本季度全生产线母猪分娩胎次总数

以目标值为基准数，达基准数者得15分，高于基准数0.5头加3分，反之扣3分。

6）每胎非活仔数。

每胎非活仔数＝本季度非活仔总数÷本季度全生产线母猪分娩胎次总数

以目标值为基准数，达基准数者得15分，低于基准数0.1头加3分，反之扣3分。

7）断奶成活率。

断奶成活率＝本季度各断奶窝数的活仔数÷对应窝数的产活仔

总数

以目标值为基准数，达基准数者得30分，高于基准数1%加6分，反之扣6分。

8）断奶母猪配种率。

断奶母猪配种率=7天内配种母猪数÷断奶母猪总数（只计算正常日龄断奶的母猪）

以目标值为基准数，达基准数者得30分，高于基准数1%加6分，反之扣6分。

9）上市成活率。

上市成活率=本季度上市仔猪÷对应时期断奶活仔总数

以目标值为基准数，达基准数者得30分，高于基准数0.5%加5分，反之扣5分。

10）上市合格率。

上市合格率=本季度上市合格猪数÷本季度上市仔猪总数

以目标值为基准数，达基准数者得20分，高于基准数0.5%加5分，反之扣5分。

11）上市重量。

以目标值为基准数，达基准数者得20分，高于基准数0.5千克加4分，反之扣4分。

（4）第四项考核办法占10分，每季度评比1次。具体评分办法为：母猪死淘率目标值为25%（全年），每季度以1/4目标为基准数，每低于基准数1%（5%以内），该生产线饲养员各加1分，组长各加2分（反之扣去相应分数）。

（5）第五项考核办法占10分，每个季度评比1次。具体评分办法为：母猪药费目标值为126元（全年），每季度以目标值的1/4为基准数，每低于基准数1元，全场饲养员各加1分，组长各加2分（反之扣去相应分数）。

二、市 场 营 销

（一）营销管理的要求

1. 防疫要求——健康营销

养猪生产需要一个安全的生产环境，要求生产过程处于一种生物安全的状态，要求种猪保持一种健康水平进行繁殖生产。所以，种猪营销先要从健康安全的角度入手，再开展健康营销。

2. 技术要求——服务营销

养猪生产是一项细致复杂的生物工程，而生产者又往往是技术相对贫乏的农民。同时，种猪的购买不同于工业产品，产品售后的变化大，饲养管理要求高。因此，种猪营销要从技术角度入手，开展技术培训，做好种猪售后的技术服务工作，实施服务营销。

3. 良种要求——品牌营销

养猪生产要走良种化道路。购买种猪不同于一般的消费品或使用工具，种猪可以创造剩余价值，种好效率高，创造的价值高。因此，种猪营销最根本的还是靠种猪自身的性能质量，要靠品牌营销。

4. 人才需求——关系营销

养猪生产是一种规模化的生产，猪场需要管理人才和技术人才。种猪营销可通过为客户企业介绍、培养和输送人才的手段，达到与客户及技术人员密切联系。

5. 成本控制——价格策略

养猪生产又是一个低效益、高成本的行业。不同地区、不同的客户，其经济条件和所能承受的养猪成本不同。因此，种猪营销要考虑客户的经济条件和对价格的敏感度，在种猪产品种类、质量等级上实施价格差异策略。

6. 规模生产、连续生产——渠道促销

种猪生产是一个连续性、具有规模效益的过程，不像工业产品行情不好可以立即停产和延期销售。另外，种猪销售又不同于肉猪或工业产品，后者卖不出去可以降价，种猪卖不出去就会变成肉猪处理，

其价格差别极大。因此，种猪销售需要有足够多的销路保证，保证育成种猪可以及时地销售出去。种猪营销要做好广泛性的渠道促销工作。

（二）营销管理的方法

1. 市场调查

产品有市场需求，企业才可能有效益。因此，企业生产与营销必须在市场调查的基础上，以市场需求为目标，找准市场发展方向，并对市场发展、客户需求的现状及未来进行深入调查研究。

2. 价格调查

对目标市场及主要竞争对手的相关产品价格进行及时的调查比较。

3. 客户调查

根据客户特点与需求的差异细分市场。如企业客户与个体散户、终端客户与渠道客户、专业客户与普通客户、特殊要求客户与一般要求客户。

4. 形象定位

企业在市场上的形象，就是企业的诚信度，就像一个人的性格、修养和品味。企业的文化，对内是企业的机制、制度，企业的精神；对外是企业的包装、形象。

5. 营销目标

营销需要明确的目标。营销目标要自成体系，需要量化、细分，并定期衡量，不断调整。

（1）经济效益目标：销量、利润。

（2）市场发展目标：占有率、增长率。

（3）品牌发展目标：企业形象、产品品牌。

（4）核心竞争力目标：企业文化、企业团队、技术创新、产品创新。

6. 营销团队

有了营销的主题，需要一支营销"梦之队"，有"队长、前锋、中锋和后卫"组成的团队。营销不是独角戏，成功离不开团队。个人的力量是有限的，理想团队的增效作用是 1+1 ≥ 2。

（1）在安排团队的每一项工作时，都要分清适于哪一类型的人工作，做到人尽其才、高效发展。

（2）团队需要有一个核心价值观念，所有团队成员需要有共同的价值观念。价值观念不同的成员在一起，其结果最终是导致团队走向灭亡。

（3）团队需要有一种服务与奉献的精神。每个人都需要其他成员的协助，帮助他人就是帮助自己。手足不能离开身体单独行事，团结协作才能共同进退。

（4）团队需要激励，局面需要控制。孙子兵法"以利诱之、以情动之、以法约之"，同样适于销售队伍的管理。

7. 定价的方法

定价要市场化、人性化、标准化。要看形势、讲时机、分对手、摆理由、重交情、守信誉。定价具体有以下几种方法：细分市场，灵活定价；划分阶层，多档定价；攻心为上，战术定价；人云亦云，惯性定价；另辟蹊径，逆向定价；捕捉需求，概念定价。

8. 促销策略

（1）广告促销。广告的目的是卖货。广告必须主题鲜明、喜闻乐见、卖点突出，有创意、有霸气。

（2）品牌营销。营销内容包括表形实物和无形品牌。实物越卖越"少"，品牌越卖越"多"。品牌都是经过锤炼铸就的。要不断创新推出品牌，提高产品质量打造品牌，提供优质服务培养品牌，强化各项管理造就品牌。

（3）服务营销。服务营销的宗旨是留住老客户、发展新客户。一方面，要以让客户满意为核心，做好售前、售中和售后的客户服务工作，从养猪生产的各个角度出发，切实帮助顾客用好种猪、做好生产、争取最大经济效益，从而客观上达到留住客户的目的。另一方面，努力挖掘客户的潜在价值，帮助客户进一步发展壮大，使客户由小客户发展到大客户，并同时影响和发展其周边新客户，从而间接起到发展自己的目的。

（4）关系式营销。是指通过企业、团队的关系网络及其利益共同

体的各方面关系推介，包括亲朋好友、行业往来、专家顾问等的介绍。

（5）特色营销。消费者接受商品的原因，根本还在于商品本身的使用价值，"最好的推销员是产品本身"。

9. 企业文化

企业要有灵魂，企业也要有精神，这灵魂、这精神就是企业文化。对外部来说，企业文化是包装是形象；对内部来说，企业文化是企业制度表现出来的精神。

（1）企业的核心价值观。以经济效益为中心，满足企业、团队和客户创利发展的需求。

（2）企业的经营理念。创新经营，持续发展。

（3）企业的人才机制。以人为本，人尽其才，体现人才价值，满足人才成长发展的需求。提倡团队精神、创业精神、服务精神。引入竞争机制，实施末位淘汰制。纪律约束人，利益拴住人，氛围愉悦人，成就激励人。

（4）企业的市场观念。适应市场，占领市场，引导市场，发展市场，与市场共赢。

（5）企业形象。文明、规范；凝聚力、战斗力；求实、诚信。

（6）产品形象。技术先进、质量承诺、服务保证。

（三）营销管理的要点

（1）养猪生产的行业特点是种猪营销的出发点。

（2）市场需求是种猪企业营销发展的方向。

（3）团队建设是种猪企业营销管理的根本。

（4）品牌发展是种猪企业营销管理的核心。

（5）客户关系管理是种猪企业管理的关键。

（6）广泛的渠道促销是种猪营销成功的保证。

（7）核心竞争力培养是种猪企业发展的硬道理。

第八章　疫病防治

一、猪场的疫病防治概述

（1）疾病净化体系。新引进的后备猪要严格执行隔离、驱虫、疫苗注射和疾病控制，结合采血送检，及时挑出不合格猪只。主要监控伪狂犬病、蓝耳病抗体水平较高的猪只，血痢、呼吸道病严重难治的猪只，注射疫苗后反应强烈的猪只，疑为圆环病毒感染的猪只。

（2）注意季节性疾病的防治。寒冷季节注意预防呼吸道病、病毒性腹泻，加强口蹄疫的免疫工作；炎热时注意防暑降温，预防弓形虫和附红细胞体病，想办法提高猪采食量，适当增加种猪群的运动，减少繁殖障碍的发生。注意血痢与水肿病的流行动态。

（3）药物保健。针对各猪场的季节性疾病流行情况，在疫情到来之前做好疾病药物保健，减少疫病损失。全群保健一般可定于春夏之交与秋冬换季时进行，每年至少进行 2 次。驱虫最好每 3 个月进行 1 次，呼吸道病与血痢视情况而定保健时间。其他的还包括定期灭鼠、定期大消毒及一些疫苗（乙脑、蓝耳、脑膜肺炎等）的季节性注射。

（4）疾病监控体系。定期采血进行猪瘟、口蹄疫的普检，对抗体水平较低的猪只应及时补注疫苗，补注后，猪瘟抗体水平低的猪只及时淘汰。发现可疑病猪要抽血或取病料送检，所采血样需做好标记与登记工作，并妥善保存（冰箱4℃），及时送检。

（5）减少各环节的应激。这些应激包括天气突变，初生仔猪保温、剪牙、断尾、疫苗注射，仔猪断奶与转栏、并栏，仔猪饲料转换等。

（6）保育舍设立隔离病猪栏，将可疑病猪及时隔离，可减少疫病的传播，且有利于疾病的迅速控制。最好设立病猪专用饮水设施，以利于小群饮水投药，节约用药成本。

（7）全场制定用药规范与饲养管理规范。

（8）加强员工的培训工作。组织猪场组长级以上人员定期交流饲养、疾病控制经验，组织主要负责人参加内、外单位技术培训与经验交流。

（9）加强员工的思想工作，注意畅通沟通渠道，及时收集员工的合理建议与意见，做好上级文件、方针、疾病控制方案的宣传工作。鼓励员工技术创新，做好普法宣传工作，适当配套娱乐设施，正确引导员工的业余爱好。

（10）加强猪场与仔猪销售客户的沟通与合作，共同提高仔猪质量。

二、疾病防治需要树立的几种观念

1. 加强饲养管理

（1）通风与保温。总原则是：通风第一，保温第二，局部保温与大环境通风相结合。

1）通风。通风旨在减少有害气体，保证空气质量，减少呼吸道疾病的传播，不影响猪只的采食和生长性能。根据鼻子与眼睛的反应决定通风与否。煤炉保温尽量减少煤炉漏气到猪舍内，及时通风以免煤气中毒。通风还可以有效地控制猪舍内的湿度，有利于猪只的健康。

常用通风方法有开窗与开风机或排气扇。开窗通风注意不要形成穿堂风，可采用"品"字形，左右、上下结合，可采用隔一个窗开窗通风或开半扇窗户通风。风机抽风注意控制时间。早上（尤其是冬天）外界比较冷，注意通风的时间，通风后及时关闭门窗。有太阳的日子只要无大风，正午以及下午3：00左右可长时间打开门窗通风。有气窗的猪舍一般应将气窗始终打开，窗开得比较高的猪舍平时也应将上边窗打开若干个（根据风向决定开哪边窗）。总之，及时通风，通风时考虑到外界温度与是否有大风，注意通风时间。

2）保温。仔猪前7天需要28℃以上，最好把保温灯都打开；7~15天需25℃以上，根据天气与猪舍温度决定是否开保温灯；15天以后可将舍内温度调整为22℃左右；保育猪一般维持22℃左右。母猪需要的温度，分娩后前3天需24~25℃（产后比较虚弱，减少寒邪的入侵），之后维持在18~21℃。对仔猪而言，温度高一些较好，而母猪则不能太高，以免影响采食量与泌乳性能。温度控制须两者兼顾，舍内温度除了前几天25℃，一般维持22℃。

常用保温方法：开保温灯（或使用煤炉），调整保温灯的高度，

产后几天内使用"门帘"，及时将仔猪赶回保温箱。开窗通风时不要形成穿堂风，不要让风直接吹向保温箱，过道或门边的产床使用麻布袋或塑料袋遮风。保温同时要注意减少舍内湿度。

（2）猪舍清洁。粪便堆积，产生氨气等有害气体（影响采食量和泌乳量），苍蝇增多。母猪粪便污染乳头，易导致生殖道疾病。仔猪拱粪也易感染疾病。

具体做法：及时清除母猪排出的粪便（早上先扫 1 次，喂料后扫 1 次，平时多观察，及时清除），大的粪堆用铲子铲走，不要扫到粪沟里。将产床下的粪便及时推到水沟里，粪沟定时冲水。及时清除仔猪腹泻粪便，避免交叉感染。及时清除陈旧饲料与残水。

（3）消毒。杀灭病原，减少病原传播，减少疾病流行，减少皮肤病、链球菌病。

进猪前产房消毒（保质保量，时间充足），赶猪道消毒。母猪进产房前消毒，接产消毒，乳头消毒，剪牙、断尾、断脐、阉猪消毒，平时伤口消毒。1 周定期带猪消毒（冬天注意保温，消毒时开保温灯，或用热水配消毒液消毒）。仔猪腹泻的粪便清除后及时消毒。

（4）其他。比如检查产床、支架、保温箱有否锋利锐物。产后头几天麻布袋垫脚，饮水器检查，饮水器水压控制。保育猪三点定位。防鼠灭蝇等。

2. 预防为主

治病只是针对个体，全群重在预防，这样才能将损失减到最小。

加强饲养管理，加强免疫和预防用药，健全疾病监控系统（定期采血送检）。

以腹泻为例，平时做好保温与清洁卫生、消毒，控制舍内湿度。母猪注射大肠杆菌四价苗、腹泻二联苗和药物预防（出生与断奶前后）。

3. 群防群治

发现 1 头，治疗 1 窝，发现一两头母猪发生疫病，及时全栋猪舍预防。产房或保育舍发生疫病，一条龙防治。一个猪场发生疫病，全公司（尤其是临近猪场）预防。

4. 树立多病因论观点

南方的湿热气候容易滋生多种病原微生物，近年来疫病日趋复杂，常常多病并发。猪个体较大，耐受力强，可能携带多种病原微生物。引发疾病的因素很多，包括营养性、中毒、饲养管理、传染病（细菌、病毒或寄生虫）等。这些病因又分单纯病因或多种病因并存，而多种病因还分主次。

疾病防治与用药应综合多方面因素，一般先采取加强饲养管理，再从传染病角度出发，加强免疫或药物预防，结合采样送检进行确诊。总之，多管齐下，分清主次，标本兼治。

5. 多系统综合治疗

某病发生后，常常波及猪只的多个系统出现病变。治疗时，应分清主次、综合调理。

以腹泻为例，主要为消化道，消化道可能含有大量病原（细菌、病毒或寄生虫），它们大量繁殖会破坏肠黏膜，并产生大量毒素，多种因素相加会刺激肠道，导致分泌物增多、肠收缩或痉挛。另外，腹泻常常引起机体脱水，毒素进入血液后也会导致多脏器损伤。所以，治疗时应该综合考虑，用药杀灭病原，采用活性炭等吸附剂清除肠内毒素，用鞣酸蛋白等保护胃肠黏膜，针对脱水情况采用补液，针对胃肠痉挛、分泌物增加采用阿托品肌肉注射。

再以母猪产后不吃为例，多有病原感染（子宫炎、乳房炎或蓝耳病等）导致发烧、脾胃功能异常。长期不吃可能导致胃肠功能紊乱，没有营养摄入导致能量与钙缺乏，不能站立，还可导致心脏功能异常（发绀、鼻干），采食量减少可使血糖浓度下降而导致精神沉郁甚至昏迷。其他还有泌乳不足等多系统疾病。

治疗：抗菌（毒）消炎，畅通肠道，健胃健脾，补充能量与钙、强心补液等。

6. 建立疾病监控系统

疾病病因一般比较复杂，单凭肉眼很难确诊，常需借助实验室诊断。

猪瘟、口蹄疫抗体监测。及时了解猪场免疫状况，补注射或加强

免疫。

猪瘟，可以根据哺乳仔猪、保育猪与经产母猪的抗体水平了解猪群的免疫状况，确认是否有野毒感染。尤其是母猪，如果多次免疫后仍然抗体水平低，可能有野毒感染。另外，还需结合蓝耳病、轮状病毒病等抗体监测情况。

繁殖障碍在每年夏天都会有爆发或零星发生，往往只需送检母猪的血（抗凝全血、血清），尤其流产、死胎血送检，即可确诊。

7. 用药知识

（1）配伍禁忌。在药效、物理化学性质上，比如青霉素不能与维生素 C 合用，有些药物合在一起会产生沉淀等，不光是药效减少，有的还可能产生有害物质，不可随意使用。拿不准的最好分开注射，吊针时分先后给药。

（2）联合用药。目的在于减少耐药性，针对多系统致病、多病原致病，多管齐下增加治病效果，减少毒副作用。磺胺加碳酸氢钠，抗生素加助消化多维。

（3）脉冲式给药。短时间内大剂量连续给药，首次剂量加大，一般增加 30%~50%，甚至 1 倍。可减少耐药性，迅速控制疾病。大剂量给药时，注意安全剂量，避免中毒。

（4）用药时间足，并注意停药期。要保证 1 个疗程，不能打一枪换一种药，疾病转归需要时间。可减少耐药性，更有效地控制疾病。在屠宰前，保证足够的停药时间，减少药物残留，保障食品安全。

（5）谨慎用药。仔猪肝、肾功能差，对多种药物比较敏感，如氯霉素、长效磺胺、痢特灵，容易中毒。尽量少用药。对于种猪，许多药物可能影响精液质量，多用中成药。安乃近、地塞米松可能引起母猪流产。

三、产房与保育舍常见疾病防治

1. 仔猪腹泻

（1）出生后不久腹泻。

病因：保温不好；仔猪较弱，消化反射不健全；葡萄糖缺乏；病原引起（细菌性，可能奶头消毒不好。病毒性）。

预防：加强怀孕母猪中后期饲养，维持膘情，避免仔猪发育不良；产前产后母猪注射长效土霉素，或饲料中加利高霉素、支原净、维生素 E；仔猪出生后做好保温工作；初生仔猪口服庆大霉素、卡那霉素、丁胺卡那霉素、磺胺。

治疗：①口服庆大霉素、卡那霉素、丁胺卡那霉素、磺胺；②补液，葡萄糖，生理盐水＋抗生素；③助消化（仔猪出生时胃内盐酸较少，酶功能低下），0.1% 盐酸 1~3 毫升，乳酶生、胃蛋白酶。

另外，全窝预防，稀便及时处理，消毒。

（2）平时腹泻。

病因：保温不好；奶水不足或乳脂过高；细菌性；病毒性；寄生虫性（小袋虫、球虫）。

预防：保温，卫生，加强母猪饲养。

治疗：①限乳（12~24 小时）；②换母猪；③细菌性腹泻的治疗：可用康保、敌菌净、磺胺等灌服，或庆大霉素、卡那霉素、丁胺卡那霉素、环丙沙星、恩诺沙星、诺氟沙星及复方磺胺等肌肉注射，或新霉素、百痢停、环丙沙星及诺氟沙星等饮水，并可以用 5% 葡萄糖盐水＋抗生素＋复合维生素 B10%20 毫升 / 头进行补液；④病毒性腹泻的治疗：补液＋抗生素＋返饲母猪；⑤寄生虫性腹泻的治疗：可以通过送检进行诊断，确诊为等孢球虫（出生 7 天内）、艾美耳球虫（出生 15 天内）的，可采用磺胺、敌菌净、百球清治疗；确诊为小袋纤毛虫的，可采用痢菌净、二甲硝治疗；⑥对症治疗方法：使用阿托品可减少分泌和肠蠕动，切记不可过量，会造成消化不良。

（3）断奶前后腹泻。

病因：母猪奶汁稀，乳脂含量偏高。

预防：断奶前 3 天母猪限料，减少仔猪哺乳次数。

治疗：饮水中加新霉素、氟哌酸、断奶安、开食补盐。考虑到仔猪采食量较少，一般不拌料给药，个别的可采用灌服。

2. 母猪产后无乳

（1）病因。①大肠杆菌、葡萄球菌、绿脓杆菌、霉形体等感染引起乳房炎；②管理因素：多种应激（气候、环境、噪声、干扰），难产（产程过长），初产母猪过早配种；③营养因素：采食过量，饲料质量差，饲料发霉，饲料中维生素及矿物质缺乏；④内分泌性因素：甲状腺发育不好导致分泌紊乱，催产素含量过低；⑤遗传因素（某些猪品种，尤其是外国品种）。

（2）预防。①后备母猪适时配种，一般 7 月龄以上。怀孕母猪75~80 天用鱼腥草拌料，分娩前控料，补充青绿饲料。②产前饲料加药：支原净 100 毫克 / 千克 + 金霉素 400 毫克 / 千克，维生素 E 和硒拌料，或阿莫西林 100 毫克 / 千克 + 支原净 100 毫克 / 千克。③产前产后注射长效土霉素（或分娩后注射阿莫西林 2 克 + 磺胺 2.5 克 +TMP），可同时注射维生素 E 和硒，连用 3 天。

（3）治疗。①发现流脓后注射阿莫西林 2 克 + 磺胺 2.5 克 +TMP，或卡那霉素 2 克 + 磺胺 2.5 克 +TMP。②按如下方法进行催乳：催产素 30~40 单位，隔 1 小时后再注射 1 次，配合乳房按摩、温孵，15 分钟 1 次，每天 2~3 次。高糖静脉推注。③可用中药补气血。药方 1：王不留行、通草、漏芦、木香、党参、山甲和川芎各 10 克，与等量河虾和红糖煎水。药方 2：王不留行 15 克，天花粉 15 克，漏芦 10 克，僵蚕 8 克，另加猪蹄 1 只，煎水分 2 次拌料。药方 3：王不留行 40 克，通草、山甲和白术各 15 克，白芍、当归、黄芪和党参各 20 克。

3. 母猪产后不吃

（1）病因。①病原感染所致（体温可能升高）——产后身体虚弱，抵抗力下降，易感染。病毒性疾病包括蓝耳病、轮状病毒病、流感等，细菌性疾病包括乳房炎、子宫炎等，产褥热（皮红，温度升高）。②产后气血双亏。

（2）治疗。先查体温，若温度过高（如 41℃），则先降体温。如果温度升高不多，有繁殖障碍症状，或乳房炎、子宫流脓症状，则只能对症治疗（抗菌、消炎、注射鱼腥草）——自然耐过；如果体温持

续不降——胎衣不下或死胎不下；如果体温升高，容易反复，且整个耳朵发热，皮肤温度分布不均，兼有流鼻涕、畏寒症状——感冒，可注射柴胡＋板蓝根＋病毒灵＋青霉素＋链霉素，也可打吊针。

如体温不升高，可采用以下方法：

①拌湿料，喂青绿饲料。②通肠，健胃：灌服大黄、苏打散、食盐、碳酸氢钠，肌肉注射新斯的明、10% 食盐溶液。③中药煎水灌服或拌料。药方 1：苍术、陈皮、厚朴各 15 克，甘草、生姜各 3 克，体虚者加党参、白术、黄芪等。药方 2：木香、陈皮（砂仁）各 20 克。药方 3：党参、干姜、炙甘草、白术各 15 克。可以使用单方：陈皮与红薯藤煮水，或者干姜和辣椒煎或炒后灌服或拌料。④打吊针：补充葡萄糖＋钙＋多维＋抗生素＋其他（容大、鱼腥草、地塞米松）。⑤其他：柠檬酸饮水或者奶粉、氨基酸、维生素、开食补盐、安宁健等灌服或拌料。

4. 子宫炎

（1）病因。后备阶段饲养管理不善、配种前消毒不好、精液污染、产后护理与消毒不好及产房饲养管理感染等。

（2）表现形式。急性、慢性、隐性。从炎症性质分：黏液性、黏液脓性、浆液性、纤维蛋白性。

（3）预防。后备猪加强饲养管理，配种时做好消毒工作（配前、配后 24 小时子宫内注射青霉素和链霉素），饲料中加利高霉素 1~1.5 克 / 千克。

（4）治疗。

1）肌肉注射青霉素和链霉素＋鱼腥草（或阿莫西林）。

2）冲洗（纤维蛋白性炎症禁用）。化脓性，消毒药效果较好，5%~10% 高锰酸钾溶液，0.02% 新洁尔灭，0.1%~0.2% 雷佛奴尔，4% 宫炎清；非化脓性，小苏打 1~2 克＋等量生理盐水，1% 明矾，5%~10% 食盐溶液；隐性子宫炎，葡萄糖 9 克＋小苏打 0.3 克＋食盐 0.1 克、加水 100 毫升，或青霉素＋链霉素＋蒸馏水，小苏打 1~2 克。

冲洗时应采用温水（40℃左右），少量多次，每次 80~100 毫升，

每天 2 次，连续 3 天。冲洗后子宫内推注青霉素＋链霉素＋阿莫西林，臀部肌肉注射庆大霉素、氟哌酸、阿莫西林、土霉素或恩诺沙星。冲洗后及时注射缩宫素。

3）油剂。

方 1：氯霉素 1.5 克（或沙星类、阿莫西林、青霉素、链霉素）＋痢特灵 0.5 克＋植物油（灭菌）10~20 毫升。一次性注入子宫内，观察 5~7 天，如未治愈，可重复 1 次。

方 2：鱼肝油 100 毫升，青霉素和链霉素各 100 万单位，催产素 15~30 单位，混匀后灌入子宫内，隔天 1 次。

5. 皮肤病

（1）病因。伤口感染（葡萄球菌、坏死杆菌）、气候潮湿、霉菌、疥螨、过敏及维生素和矿物质缺乏。

（2）治疗。

注射治疗：一般皮肤病可采用青霉素、链霉素、阿莫西林、恩诺沙星、磺胺（皮下注射），通灭、伊维菌素注射给药。针对过敏性皮炎可采用地塞米松、维生素 C。

清洗治疗：高锰酸钾、肥皂水（软化皮屑很重要，尤其是对疥螨），5% 福尔马林，1% 敌百虫（浓度不可过高，洗的面积不可过大，以免中毒）。

喷或洗治疗：螨净、倍特。

涂抹治疗：废机油（加硫黄或敌百虫）。

环境消毒方法：消毒药、倍特、除虫菊酯（灭虫菊酯）。

6. 母猪血痢

（1）病因。胞内劳森氏菌（增生性肠炎）、密螺旋体（痢疾）、梭菌性肠炎及小袋虫严重感染。

（2）治疗。及时清除病猪的分泌物、排泄物；消毒；可用痢菌净、维生素 K_3、二甲硝（拌料或灌服 3 克／头）治疗，饲料中拌支原净、利高霉素、罗红霉素、卡巴氧或痢特灵。

7. 呼吸道病

（1）病因。呼吸道综合征——细菌、病毒、环境因素（有害气体、冷空气等）。注意区别：咳嗽的长短、用力与否、是否腹式呼吸。多为支原体感染（轮状病毒病、胸膜肺炎、链球菌病、伪鼻、流感）——长时间痉挛性咳嗽。

（2）预防。饲料中添加支原净、强力霉素、土霉素、金霉素、利高霉素、复方泰乐菌素或泰农。个别治疗：卡那霉素与盐酸土霉素交替使用（或长效土霉素），恩诺沙星，强力霉素（新强米先）。

8. 链球菌病

败血性、脑炎型常见（淋巴型少见）。表现急性倒地、神经症状、关节肿大。

（1）病因。伤口感染（打架、吃奶时关节损伤，产床锐物，保温箱内刺物，保育舍内保温板上刺物与铁钉），剪牙、断尾、断脐时消毒不严，打疫苗时针头污染，呼吸道、消化道自然带菌（强烈应激也可诱发）。

（2）预防。环境消毒，剪牙、断尾、断脐时的伤口严格消毒，减少各种锐物刺伤与关节扭伤。打疫苗时换针头，并对剩下仔猪加大剂量免疫接种。采用阿莫西林、恩诺沙星、磺胺等预防用药。

（3）治疗。大剂量磺胺（最好静脉推注）加阿莫西林或青霉素，温度过高应紧急降温。

9. 肢蹄病

（1）病因。口蹄疫或坏死杆菌感染，营养缺乏（锌、泛酸、生物素缺乏）、异物损伤、地面粗糙或潮湿、天气干燥或湿冷、打架、身体过重等可能导致蹄裂，遗传也可能导致肢蹄病。

（2）预防。针对以上病因加强饲养管理，加强免疫与预防用药。

（3）治疗。6% 硫酸铜溶液泡脚，松节油、凡士林、鱼石脂涂抹保护肢蹄，注射安痛定、撒痛风、地塞米松，涂抹抗生素（如土霉素、阿莫西林等）预防感染。也可采用封闭疗法。

10. 关节肿大

（1）病因。链球菌、衣原体、滑液囊型支原体、大肠杆菌、慢性猪丹毒等感染，损伤性增生。区别肿大的位置、硬度、发热与否、渗出物性质、颜色、关节面特征等进行诊断。

（2）预防。针对以上病因加强饲养管理，加强免疫与预防用药。

（3）治疗。注射阿莫西林、强力霉素、磺胺、地塞米松、安痛定或阿司匹林等，给药 1 个疗程。也可以采用封闭疗法。

第九章　综合保健

一、仔猪的保健

（一）初生仔猪

（1）初生仔猪应擦干全身，清除口、鼻内的黏液，然后放入温暖、干燥的地方。

（2）初生仔猪吃初乳前服用抗生素，以防止消化道疾病。

（3）仔猪出生后 24 小时内可剪牙、断尾。

（4）吃好初乳。仔猪出生后 24 小时内肠黏膜具有吸收免疫球蛋白（抗体）的能力，因此仔猪出生后要固定乳头，让每头猪都吃到初乳，从而使仔猪产生抵抗力。

（5）保温。1~3 日龄仔猪适宜温度为 30~32℃，4~7 日龄为 28~30℃，15~28 日龄为 22~25℃。因此，要在仔猪吃乳后将其放入保温箱中。

（6）去势。商品猪早去势可减少应激，伤口易于愈合。出生后 24 小时至 1 周内均可实施。

（7）补铁。出生后 3 天内每头肌肉注射 200 毫克铁制剂，防止贫血。

（8）补水。出生 3 天后，给仔猪供应清洁饮水，保证其生长所需。

（9）补料。为促进仔猪生长及减少断奶后吃料的不适应性，仔猪出生后 3~5 天时便可补料。方法是在干燥、清洁的木板上撒少许教乳料，3~4 天后，当仔猪开始采食教乳料时，便可采用料槽，每天要把剩余饲料清除，料槽清洗消毒后再用，每天应喂 5~6 次。

（二）断奶仔猪

断奶仔猪也叫保育仔猪，它对环境的适应性虽然比新生仔猪明显增强，但较成年猪仍有很大差距。因此，在该时期应控制猪舍环境及猪群内的环境，减少应激，控制疾病。

（1）断奶时仍需先用教乳料喂 1 周左右，但不可吃得过饱，防止下痢，然后用教乳料与仔猪料混合饲喂，逐渐减少教乳料比例，7~10 天后可全部换用仔猪料，最后自由采食。由于断奶仔猪断奶后产生应激，致使消化酶含量及分泌环节受影响，使其活性减弱，加之早期断

奶后，仔猪从采食母乳到采食固体植物性饲料，断奶前后营养源截然不同，所需的消化酶谱差异大，消化酶活性不足。因此，近年来多主张在早期断奶仔猪料中添加外源酶，提高饲料消化率。

（2）保育舍由于密度较大，仔猪又好活动，应保持保育舍清洁卫生，猪舍清洁后每周消毒 1~2 次。

（3）保持空气新鲜，处理好通风与保温的关系，预防呼吸道疾病的发生。冬季采取保温措施，夏季做好防暑降温，为避免病原进入猪体，发现病猪，及时隔离治疗。

（4）到断奶日龄时，将母猪赶回空怀母猪舍，仔猪一般仍留在产房饲养 3~7 天后再转到保育舍，使仔猪心理应激和混群应激不在同时发生。断奶仔猪转群时一般采用原窝培育，对个别弱残病仔猪可分开饲养。

（5）预防咬尾、咬耳等不良习惯。在饲喂全价饲料与温度、湿度合适的情况下，仍可能有互咬现象，这也是仔猪的一种天性。在圈舍吊上橡胶环、铁链及塑料瓶等让它们玩耍，可分散注意力，减少互咬现象。

（6）做好免疫、驱虫工作，保育舍猪在 6 周龄接种口蹄疫疫苗，转入肉猪舍前进行驱除体内外寄生虫的工作。

（7）仔猪断奶后易出现仔猪断奶综合征，断奶后腹泻、水肿病和内毒素休克，是早期断奶仔猪生长受阻和死亡率高的主要原因。如果病情严重，可在仔猪饲料中添加抗生素或磺胺类药物。

二、肥育猪的保健

（1）全进全出，注意环境卫生，猪舍充分消毒、空栏 7 天后才可转进新猪群。保持栏舍清洁，无论猪群规模如何都存在着冬季消毒时易引起潮湿，而使猪舍温度降低的弊病。为了弥补这一不足，在夏秋之季，可加大消毒次数，因为病原微生物易被热源杀死，此时消毒效果要比冬季好。因此秋季到来之前，如果能施行全进全出，把圈舍彻底清扫、反复消毒，则对以后冬季猪只的健康大有益处。

（2）合理的饲养密度。每头猪占 1 平方米以上，每栏头数在 10~20 头。

（3）加强防疫。在饲料中添加适量的抗生素有利于防止胃肠道疾病和呼吸系统疾病的发生，同时要注意驱除体内外寄生虫。

（4）适宜的温度。肉猪要求的适宜温度是 18℃，夏季要注意降温，可用水冲洗猪体和栏舍，先冲洗后喂猪。室内安装大功率排风扇，猪舍前后种树，有条件的可使用水帘降温。在取暖、降温时要注意观察，防止措施不当造成温度异常。

（5）合理的通风。为了冬季保暖，许多养猪户使用塑料薄膜把所有透风的地方全部封住，该方法对提高舍内温度有一定作用，但随着温度提高，猪舍内粪、尿挥发氨气、硫化氢等有毒气体，不能及时排出而蓄积超量，造成呼吸道黏膜长期受刺激遭到损伤，病原菌乘虚而入造成咳嗽、流鼻涕、肺炎等。因此在中午气温高时要注意通风，并对粪、尿及时清扫，铺上少量干沙，防止灰尘过多刺激呼吸道。

三、母猪的保健

（一）后备母猪

（1）对于后备母猪，为保证其以后有优良的繁殖性能，须保证日粮的营养全面，5~6 月龄时，每天喂料 2~2.5 千克，饲喂 2~3 餐，要有新鲜的饮水，无漏粪地板的猪舍要每天清洗粪尿。

（2）一般体重达 120 千克（一般 8 月龄左右）时便可配种。为保证其适时发情，可把公猪圈在其邻舍或每天把公猪放入母猪舍 10~15 分钟。为防止母猪产仔少及影响自身发育，一般让过头 2 个发情期，到第三次发情时再配种。

（3）做好免疫工作。后备母猪于配种前根据当地疫情，可考虑进行伪狂犬病、猪瘟、细小病毒病、乙脑病等疾病的预防接种。

（二）断奶母猪

（1）如果母猪在哺乳期管理得当、无疾病、膘情适中，则断奶后一般 4~7 天便可发情并配种。在断奶期，母猪应限饲，每天喂料 2~3

千克，以促进其干乳，因为泌乳会影响母猪的再发情，同时还可适当补充一些青绿饲料。

（2）仔细观察母猪发情情况，以便及时配种。母猪配种后，如果经2个发情期观察仍未见发情表现，则可判定为怀孕母猪。

（三）妊娠母猪

（1）此阶段管理的重点是防止流产、增加产仔数和仔猪初生体重，为分娩、泌乳做好准备，减少猪只间的争斗，保持圈舍清洁、地面平整防滑，防止流产。猪舍温度保持在20℃左右。

（2）根据母猪体况饲喂，防止过瘦或过肥。一般来说，可分3个阶段饲养。

1）妊娠早期。即配种后的1个月内。饲喂妊娠母猪料，喂料量1.8~2千克，不宜过多，但要保证饲料质量。一般在母猪的日粮中，精饲料的比例较大，切忌喂发霉、变质和有毒的饲料。

2）妊娠中期。即妊娠的第2~3个月。饲喂妊娠母猪料，喂料量2~2.5千克，也不宜过多，适当增加喂料量，也可以喂食青绿多汁饲料或青贮料，少量加喂精饲料。此时需要保证母猪膘情，偏瘦母猪可以适当补饲。

3）妊娠后期。即临产前1个月内。饲喂哺乳母猪料，日粮中的精饲料可以适当增加，相对地减少青绿多汁饲料或青贮料。该时期是胎儿的快速发育期，与初生体重直接相关，哺乳母猪料必须保证蛋白质、矿物质和维生素等营养物质的平衡和浓度。蛋白质是组成胎儿的主要成分，越到妊娠后期需要量越大，每天供应量不少于120克平衡蛋白质。钙、磷是胎儿骨骼的主要成分，每天应供给5~8克钙、4~5克磷，才能满足营养需要。

（3）母猪妊娠后期做好防疫和驱虫准备。需考虑对伪狂犬病、蓝耳病、口蹄疫、猪肺疫、链球菌病及大肠杆菌基因工程疫苗、萎缩性鼻炎疫苗等的预防接种，为仔猪提供必要的母源抗体。喷洒除虱及除疥螨的药剂，驱除体外寄生虫，饲料中添加左旋咪唑等驱除体内寄生虫。

（4）天气炎热时，禁止使用容易引起流产的药物（如地塞米松）。

（5）分娩前1周喂轻泻性饲料。将母猪迁入产房以前，用消毒去污剂洗刷母猪全身。

（四）分娩和泌乳母猪

（1）母猪料保健。加药7~14天，防止子宫炎、无乳综合征，防止疫病传播给仔猪。

（2）做好接产准备。将分娩舍提前冲洗消毒干净，母猪分娩前一般比较兴奋、频频起卧、阴户肿大、乳房膨胀发亮，当阴门流出少量黏液及所有乳头均能挤出多量较浓的乳汁时，母猪即将分娩。

（3）及时处理难产。母猪正常分娩是每隔5~30分钟产1头仔猪，总共2.5~3小时产完。如果母猪用力努责而胎衣尚不能排出，间隔超过45分钟还没有胎儿产出时，便为难产。此时可设法让母猪站起后变换侧卧的位置，如果无效，就需将消毒过的手缓缓伸进产道帮助拉出仔猪。若阴道空虚，子宫颈口开张时，可肌肉注射催产素1毫升（10国际单位），过1~2小时仍无猪产出，再注射1支，如果无效，可考虑剖腹产的办法。

（4）产仔结束后，对助产的母猪应注射抗生素和消炎药物。

（5）加强产后消毒工作，母猪产后应及时用消毒药清洗阴户周围及乳头，产出的胎衣等要及时处理。

（6）若出现流产、死胎、木乃伊胎时，应对病因进行综合分析。细菌感染主要表现在怀孕任何阶段均可发生流产。病毒感染一般不出现流产，主要为木乃伊胎。1窝仔猪中有几头木乃伊胎或1窝仅产4头以下仔猪，认为是病毒感染特征的表现。但伪狂犬病病毒所致流产只发生在怀孕初期和中期，并有产死仔、木乃伊胎、初生仔猪因病死亡等表现。附红细胞体、钩端螺旋体则会导致贫血、黄疸等症状。传染性病因与非传染性病因区别在于，传染性病因引起的繁殖障碍多见于头胎母猪，以后因产生免疫力而恢复正常生产，无积聚性。营养性疾病除非日粮及饲喂方式改变，否则不会产生耐受性，反而越来越严重，具有蓄积性。

（7）无乳或乳汁减少母猪可注射催产素，促使乳腺中的乳汁排出。中药也有一定疗效。

（8）对出现乳房炎—子宫炎—无乳综合征的母猪，可在分娩后用 5% 的露它净（或宫炎清）100 毫升灌入子宫，上午与下午各灌注 1 次，2 天为 1 个疗程，连续 1~2 个疗程。

（9）母猪产前 1 小时肌肉注射长效普鲁卡因青霉素注射液（肌肉注射后，母猪体况恢复快，分娩安静、顺利），产后再肌肉注射产康注射液（乳汁多且品质好，并可防止产后多种疾病）。

（10）产前 7 天和产后 7 天在母猪料中添加广谱抗生素预混剂，以防止母猪产后发生产科疾病，并可使仔猪毛色光亮、健康。

四、种公猪的保健

（1）优秀的公猪必须具有强健的肢蹄、良好的精液质量和温顺的性情。因此，管理公猪的工作主要在于使公猪有适量的运动及合理的营养（饲料中添加充足维生素、矿物质和氨基酸比较关键），以增加四肢的强度。

（2）饲养人员应经常与公猪接近，不能打吓或粗暴对待公猪，以训练其性情。

（3）定期检测精液以保证其质量，在公猪第一次配种之前及每天正常交配工作结束后，饲养人员要到猪栏与公猪相处几分钟，使其适应饲养人员的照看和猪栏内其他公猪的气味。

（4）使用时，公猪应当与要交配的母猪在个体上相近。公猪应当在自己的猪栏里或自己熟悉的猪栏内进行配种，对交配猪栏必须进行检查，防止地面过于光滑。另外，如有任何障碍，也必须清除掉。

（5）对公猪应进行口蹄疫、伪狂犬病、萎缩性鼻炎、乙型脑炎、细小病毒、猪瘟等免疫接种。喷洒除虱及除疥螨药剂，同时还要驱除体内外寄生虫。

五、养猪 3 个重要的药品组方

（1）基础用药：复方支原净 + 金霉素。

（2）主要用药：利农 -100（泰乐菌素＋磺胺二甲基嘧啶＋金霉素）。

（3）备用药：高利 -44（林可霉素＋壮观霉素）。

六、养猪生产各阶段需注意的事项

（1）母猪进产房时用药的重点。通过合理的预防性给药可控制哺乳期的多种疾病的发生，并能最大限度地切断垂直传播的疾病，如附红细胞体病、链球菌病等。此阶段用泰乐菌素＋磺胺二甲基嘧啶＋金霉素效果好。

（2）产后阶段。对哺乳仔猪可采用三针保健计划（仔猪 3 日龄、7 日龄和 21 日龄肌肉注射高效米先注射液），以确保在哺乳阶段的健康。以上 3 个组方可以在母猪料中一直添加到仔猪断奶，以保证母猪、仔猪健康，也可在产前、产后、断奶时各加 7 天。母猪产后 1~3 天如有发热症状，用输液来治疗，所输液体内可加入庆大霉素、链霉素，效果更佳。出生后体况比较差的仔猪，生下来可灌喂葡萄糖水，连续灌 5~7 天，并调整乳头，以加强体况。

（3）断奶阶段。根据仔猪体况，21 天左右断奶，断奶前几天母猪要控料、减料，以减少其泌乳量。在仔猪的饮水中加入新霉素，以预防腹泻。仔猪如发生球虫病，可采用补液加适合球虫药进行治疗。

（4）保育猪阶段（28~35 天）。此阶段可在仔猪饲料中添加泰乐菌素，以保证仔猪健康。此阶段如发生链球菌病、传染性胸膜肺炎，可采用饲料中添加泰乐菌素＋磺胺二甲基嘧啶 220 毫克 / 千克。

（5）仔猪 45~50 日龄阶段。此阶段要预防传染性胸膜肺炎的发生，可在饲料中添加氟苯尼考 50 毫克 / 千克用以防治。如仔猪之前未使用过金霉素，可以添加适量的金霉素。

（6）肥育猪的整个生长期均可在饲料中添加泰乐菌素＋磺胺二甲基嘧啶预混剂，还可间断性使用四环素类药物以预防附红细胞体等疾病。以上所述饲养、用药的目的在于让仔猪断奶后达到 96% 存活率。在用药上，建议以上的 3 种组方药中预留高利霉素作为后备用药。

（7）驱虫工作。猪群每年最好驱虫 4 次，以防治蛔虫、螨虫等体内外寄生虫病的发生，从而提高饲料报酬。用药还可选用伊维菌素或复方药（伊维菌素＋阿苯达唑）等。

（8）红皮病的防治。红皮病主要是由于仔猪断奶后多系统衰弱综合征并发寄生虫病引起的，症状为体温在 40~41℃，表皮出现小红点，出现时间多在 30 日龄以后。此病已成为世界性疾病，在治疗上可采用先驱虫后再用高效米先＋地塞米松＋维丁胶性钙肌肉注射治疗。预防此病要从源头开始做自家疫苗，仔猪 7 日龄和 21 日龄接种自家疫苗。

七、免疫程序

（1）蓝耳病。加强饲养管理、稳定母猪群，根据实际情况可取消所有品种蓝耳病疫苗免疫，能停就停。因为打疫苗的应激较大，且目前疫苗免疫不安全，可以在较好的饲养管理条件下让猪群自然感染，以获得免疫力。

（2）伪狂犬病。母猪每年接种 4 次弱毒疫苗，每次 2 头份。本疫苗较为安全，各阶段均可使用。初生仔猪和 1~3 日龄仔猪可用 0.5 头份滴鼻，35~42 日龄仔猪则可肌肉注射 1 头份。

（3）猪瘟。目前大多数猪场母猪免疫过强，原因主要在于疫苗的剂量过大。未出现过猪瘟疫情的猪场首免可在 45~50 日龄接种 4 头份。由于超前免疫难度大，而且会影响仔猪尽早吃到初乳，因此建议尽量不用超前免疫。

（4）细小病毒病。用弱毒仔猪效果好，一般接种 1 次便可获得终生免疫力。但建议后备母猪在配种前免疫 1 次，并且最好做每胎次免疫。

（5）流行性乙型脑炎。用灭活疫苗加强免疫的效果较好，主要由于大多数猪（75%）均已感染乙型脑炎病毒。

（6）口蹄疫。做好母猪的免疫，可使得仔猪 50 日龄耐过，但肉猪要打 3 次疫苗。同时要特别注意接种口蹄疫疫苗会激发圆环病毒病，因此接种口蹄疫疫苗后要加强饲养管理，以防圆环病毒病的发生。

第十章　环保处理

一、猪场污水处理岗位操作手册

（一）猪场污水处理工艺简介

新工艺的开发及多种处理方法的结合是有效的解决途径。目前较为成熟的猪场污水处理方法为酸化水解、生化处理与生物处理相结合。

（1）酸化水解处理技术改进方面。主要是厌氧生物填料、高效反应器的应用等。化粪池出来的水，首先须采用酸化水解处理。精心设计酸化池的密封程度和注意厌氧生物填料的选择、填料的数量，不宜过多或过少，如设计不当都会影响处理效果。酸化池的处理率，在高效反应器的应用上发挥着积极作用。

（2）生化处理技术改进方面。主要是传统工艺和多工艺的结合。在传统的好氧生物处理前增加厌氧处理的厌氧—好氧串连工艺，可以使废水的生物可降解性提高，从而提高处理净化效果。

（3）生物处理工艺。猪场废水的氨氮含量很高，对于养猪场的废水处理，我们在经过多方面小试、中试和生产性试验研究的基础上，总结出高效、低能耗废水处理新工艺：返消化——格式生物塘（植物塘）吸收法。

（4）设施配套。酸化池、生化池的体积和格式必须设计合理，厌氧填料和好氧填料的选择要有针对性。风机的流量和风压要设计准确。工艺的选择必须有针对性，设备、设施的配套必须合理化，才能达到处理效果。

（二）操作人员职责

操作人员负责废水处理站的全部设备、仪表、阀门等操作过程及生产运行数据的采集与记录。

1. 设备操作

（1）进水泵开、停及流量计组阀门调整。

（2）污泥回流泵开、停及流量计组阀门调整。

（3）空压机开、停及流量计组阀门调整。

（4）空压机冷却水泵开、停。

（5）加压生化塔循环泵开、停。

2. 现场测定记录生产运行数据

（三）工艺过程

1. 工艺流程图（见图 10-1）

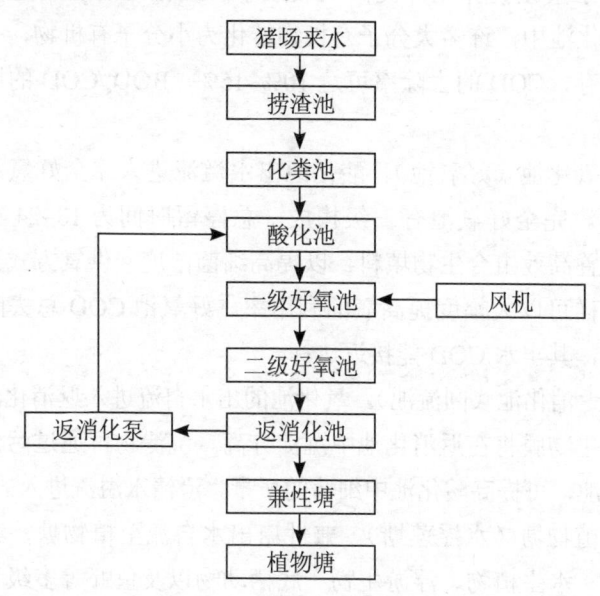

图 10-1　猪场污水处理工艺

2. 工艺流程说明

（1）预处理。猪栏中的粪便要人工定期清理，干粪可以卖给果场、渔场、菜农作肥料，即可得到经济效益，又可减轻后续处理工序的负荷。

（2）化粪池（初浸池）。猪场污水经污水收集槽渠自流入化粪池，污水在这里依次得到初步处理，其中的粗大悬浮物质和残渣、泥沙等能够得到有效的去除，这对后续处理工艺非常有效，同时化学需氧量（COD）、悬浮固体物（SS）、5 日生化需氧量（BOD_5）、氨氮也得到相应的降解。

（3）酸化池（厌氧池）。化粪池出来的废水利用落差自流进入酸化池。有机物的厌氧氧化，由酸性水解反应和甲烷化反应两个不同的

步骤组成，他们分别由不同的微生物菌群完成，这些微生物菌群的生长环境要求不同。酸化细菌可在低浓度厌氧环境中生存，甲烷化细菌则要求在无氧条件下生存，两者生存环境的 pH 也不相同。为了充分发挥酸化水解菌的作用，提高厌氧效率，酸化池的设置是十分必要的。在酸化池中，许多大分子有机物转化为小分子有机物，有少量的氧化碳生存，COD 的去除率可达 10%~15%，BOD_5/COD 的比值有较大的提高。

（4）氧化池（好氧池）。酸化池出水溢流进入完全好氧池，进行好氧处理。完全好氧池有二级构成，总停留时间为 18~24 小时。好氧池内放置高效组合生物填料，以提高细菌浓度，供氧方式采用多孔曝气，这样可以大幅度提高氧的利用率。好氧池 COD 总去除率可达90% 以上，其出水 COD 能接近达标。

（5）返消化池（回流池）。氧化池的出水自流进入返消化池，好氧池脱落的生物膜将在返消化池中沉淀分离。沉淀物可通过污泥回流泵泵入酸化池，可提高酸化池中细菌的质量。澄清水溢流进入兼性塘。

（6）植物塘（水浮莲塘）。兼性塘出水自流至植物塘，塘内可形成藻类菌、水生植物、浮游生物、底栖动物以及鱼虾等多级食物链，组成复合的生态系统。有机碳在厌氧菌、好氧菌联合作用下，可转为二氧化碳，被藻类吸收再转化到水生植物中，成为水生动物的饲料。氮是水生植物的重要营养源，水生植物是鱼类的饲料。污水中的有机物在这种以食物链为基础的生态系统得到彻底净化。

（7）污泥处理。猪场污水经过化粪池、酸化池，经污泥回流使用，自动消化，一般没有污泥量。只有酸化池有少量的剩余污泥，可视剩余污泥量的大小，定期抽走用作植物粮食。

（四）操作要求及注意事项

1. 日常操作

（1）对系统周边环境的通道要铺垫好，及时清除杂草（系统 1 米范围内）。

（2）从隔渣池到初沉降的水沟，每天清渣 1 次。

（3）初沉池到厌氧池间水沟，每天清理 1 次，以防树叶及杂物堵塞进水孔和进水泵。

（4）初沉池每半年清理 1 次池底及池面沉渣。

2. 日常管理

每 2 小时巡视一遍现场。

（1）检查进水量、污泥回流量，确保进气量的稳定。

（2）检查加压生化塔液位的稳定（用进水阀、出水阀及回流阀调节）。

（3）检查加压生化塔压力 P ≤ 0.15 兆帕，并保持塔内压力稳定（用出气阀调节）。

（4）检查污泥回流泵系统，使泵正常运转，回流通畅。

（5）每 2 小时给空压机注 19 号压缩机油 500 毫升。

3. 仪器管理

每 8 小时更换空压机及相应的冷却水泵，更换使用进水泵、污泥回流泵。开启加压生化塔循环泵 2 小时。每天定期将液位计放空 1 次，储气罐放空 1 次，排放剩余污泥 1~3 米^3。

4. 操作人员现场测定记录指标

现场测定记录指标见表 10-1。

表 10-1 记录指标

测定记录指标	测定（取样）位置	测定频率
进水流量（米^3/小时）	流量计	4 小时 1 次
进行流量（米^3/小时）	流量计	4 小时 1 次
污泥回流量（米^3/小时）	流量计	4 小时 1 次
SV_{30}（%）	脱气池出口	8 小时 1 次
pH	脱气池出口	8 小时 1 次
塔内水温（℃）	脱气池出口	8 小时 1 次

5. 分析人员测定指标

测定指标见表 10-2。

表 10-2　测定指标

测定指标	测定（取样）位置	测定频率
COD（毫克 / 升）	出水口	每天 1 次
NH_3-N（毫克 / 升）	出水口	每天 1 次
污泥浓度（X）（克 / 升）	脱气池出口	每天 1 次

6. 注意事项

（1）由于场内用排水量随季节而变，操作人员应注意观察集水池水位，以保持集水池水位稳定为准，不同季节调节不同处理水量。

（2）冬季用水量小，废水中污染物浓度高于设计进水指标，尤其是 NH_3-N 浓度有时高达 700~750 毫克 / 升（设计进水指标 150~200 毫克 / 升），易对微生物造成负荷冲击，使处理效果下降，情况严重时会使微生物污泥发生膨胀，难于沉降而随出水流失，造成整个污水处理系统不能运行。操作人员应采取以下措施：①加入一定量清水降低水浓度；②在集水池中加生石灰，投加量以调整集水池 pH 在 8.5~9 为佳（试运行期间集水池每池水投加 150~250 千克生石灰）；③若发现微生物污泥膨胀（二沉池表面浮有较大量污泥），应立即停止进水（关闭进水泵），闷曝 1~2 天（污泥正常回流，空气流量可减到 60~80 米³/ 小时），同时采取上述①②措施，逐渐使微生物污泥恢复正常。

（五）常见异常现象、故障及处理

猪场设备常见异常现象、故障及处理见表 10-3。

表 10-3　常见异常现象、故障及处理

序号	工序名称	异常现象故障	原因	处理方法
1	集水池	污水浓度突增	废水异常排放	适当加水稀释、调整。根据污水浓度适当减少进水量

（续表）

序号	工序名称	异常现象故障	原因	处理方法
2	加压生化塔	污泥沉降比突增	污泥膨胀	停止进水闷曝
		塔内压力偏高	尾气放空阀未开启	调节阀门放空减压
		污泥回流量减小	泵或底阀堵塞	拆卸检修
		塔内压力偏低	进气压力不够或尾气阀开启过大	加大进气流量，或调小尾气阀增压
		塔内液位偏高	进水、加流量大或出水量小	调节进水阀、回流阀、出水阀
3	沉降池	出水带泥或污泥上浮	污泥沉降性差、出水太大或缺氧	同污泥膨胀。调节出水阀
4	进水泵、污水回流泵	泵壳及电机温度升高	泵内堵塞	拆卸维护

二、沼气使用操作规程

（一）沼气池的试漏

1. 沼气池交付使用前必须符合设计要求

检验方法（直观检查法）：对施工记录和沼气池各部分的几何尺寸进行复查。池体内表面应无蜂窝、麻面、裂纹、沙眼和孔隙，无渗水痕迹等目视可见的明显缺陷，粉刷层不得有空鼓或脱落现象。

沼气池建好，经直观检查后，必须及时回填土至覆盖池顶，可起到冬季保温作用，并防止池体暴晒或受寒引起池体热胀冷缩出现裂缝，导致漏气漏水。

2. 沼气池整体试漏必须符合下列要求

待混凝土养护达到设计强度的 70% 以上时，方能进行试压查漏验收。检验沼气池是否漏气，建议使用 U 形压力表，最好不使用膜盒压力表。检验方法为水试压法，向池内注水，水面至零压线位时停止加水，待池体湿透标记水位线后，观察 12 小时，若水位无明显变化，表明发酵间及进出料管水位线以下不漏水，方可进行试压。试压时先

做好密封处理，接上气压表后继续向池内加水。待气压表水柱差升至最大设计工作气压时停止加水，记录水面高度，稳压观察24小时，当气压表水柱差下降在3%以内时，可确认为抗渗性能符合要求。

（二）管道、脱硫器、脱水器和压力表的安装

300米³沼气池输送管道采用直径5厘米以上优质PVC管，安装脱硫器、脱水器后，再安装压力表和其他仪表。

1. 输气管道的安装使用以及注意事项

（1）输气管道的要求。输气导管是保证沼气池产生的沼气能顺利地输送到用气设备的装置。沼气输气管的质量要求是必须能够承受至少16千帕的压力，不泄漏、耐老化、抗拉伸。

（2）输气管道安装方法。输气管道宜采用优质PVC管，不允许使用再生塑料管作为输气管。安装按照PVC管道安装方法。输气管从沼气池接出后，装1个三通，垂直方向装一阀门，作为备用；水平方向在通往用气设备前安装一总阀门。输气管道的走向要有坡度，朝用气方向倾斜0.05%，而且最好长度越短越好，过长的管子要截掉，减少沼气压力损失增大。穿越路面的沼气管必须外加稍大的钢管套埋入地下，或架空固定后穿越，以保护管道不受压破坏。

（3）输气管道试漏法。管道安装完毕后，可在完成池体的试漏后，把通向管道的阀门打开，并关闭所有的终端阀门，采用池体试漏的方法使管道的压力保持在12~16千帕，然后在各接头处涂抹肥皂水或洗洁精水，若无气泡冒出，则表明管道密封正常。

2. 脱硫器使用的注意事项

沼气中含有一定数量的硫化氢，硫化氢是一种酸性气体，对普通金属管道、开关阀门、仪表等设备均有腐蚀性，对家用电器也有腐蚀作用。为保证正常供气，延长设备的使用寿命，在输气管道中必须安装脱硫器。

采用氧化铁的脱硫器使用一段时间后，脱硫器内的脱硫剂会变黑，失去活性，脱硫效果降低，也可能板结，增加沼气输送阻力，严重时，沼气会被阻塞不能通过。此时，必须将脱硫剂进行再生或更换。

3. 脱水器使用的注意事项

目前使用的是重力式气水分离器。分离器原理为沼气池产的沼气由气水分离器进口管进入管体后，因器体截面积远远大于进口管截面积，致使沼气流速突然下降；由于水与气的比重不一样，造成水滴下降速度大于气流上升速度，水下沉到脱水器底部，沼气上升从出口管输出。定期打开脱水器底部的阀门将冷凝水排放。

4. 压力表使用的注意事项

采用膜盒式压力表，主要作用是检验沼气池和输气管道是否漏气。

注意沼气池内沼气多时，压力表指示达到表压极限值 16 千帕，此时应尽快使用沼气，保护压力表和沼气池，避免压力表被憋坏或沼气池密封盖被冲离、压坏池壁等事故。

指示针不能回零的调整方法，是将压力表盖打开，把指示针取下在零位重新装上（如按此法仍不能恢复正常，返厂维修或更换新表）。

压力表内漏气。其故障的主要原因是金属膜盒焊接不牢或腐蚀穿孔，需返厂维修或更换新表。

（三）沼气池的启动方法

1. 启动时的投料量和接种量

（1）投料量。投料接种启动时投多少料很重要，不按要求投料就会出现投料后长时间产气不着火。启动时池内发酵液浓度不宜过高，夏季一般控制在 4%~6% 为宜，即 300 米^3 的沼气池按装料率 70%~85% 计，投料量为 12~16 米^3 的猪粪，冬季可稍增加投料量。猪粪不足时，可用鸡粪、牛粪等代替。发酵原料分 2~3 次投入，每次投料间隔时间：夏季 2~3 天，冬季 5~7 天。首次投料完成后，在产生的气体能够点燃前，尽量避免中途大量投料。原料在发酵前经过堆沤后再入池，可略减少启动的时间。

（2）接种量。场方可根据自身的条件，选择是否添加含厌氧菌的接种物，添加含有厌氧菌的接种物有利于缩短启动的时间。

接种物用量按初次发酵体积（200~250 米^3）计算，为 10%~

30%，即每个 300 米³ 的沼气池添加 30~60 米³ 的接种物。接种物可以取自畜禽粪便沼气池、厌氧消化器以及有厌氧过程发生的池，例如长时间使用的沉淀池、酸化池、有黑色污泥淤积的沟渠以及较长时间的化粪池等。接种物须经 2 毫米 ×200 筛孔筛除去大块杂质后投入沼气池。

2. 启动需要的时间和判断成功启动的方法

温度对沼气池的启动有很大影响，温度越高启动的时间越短。在夏天，不添加接种物的沼气池能成功产沼气所需要的时间大约为 1 个月（正常产气），冬季气温降低时所需时间至少为 2 个月。因此，尽量避免在冬季气温低时启动沼气池，或者采取进料加温、沼气池保温等措施提高池内发酵物的温度。

沼气池首次进料完成后，把气阀门关闭。当压力表显示压力时，放气试火，刚刚投料后的沼气池所产气体中甲烷含量较低不能着火，因此，应将池中气体放掉至压力表指针回零，然后关闭阀门。随着池中产甲烷菌数量的增加，气体中甲烷含量逐渐增加，一般放气数次后，产生的沼气可点燃，表明沼气池已能启用。刚刚启动的沼气池中厌氧菌数量少、沉降性能差，不宜将所有的粪水全部倒入。在夏季，当压力表数值升至 12 千帕以上，正常产气 1 周左右，可以开始逐渐进粪水，每天 20~30 米³，观察沼气压力和燃烧火焰有无变化以及出水水质状况，如果正常，按每天增加 30%~50% 逐渐加大进水量，直至达到设计的进水目标。在启动过程中，必须防止突然进料过多导致沼气池酸败，厌氧菌的数量减少导致沼气质量变差，甚至无法点燃。

3. 启动时需特别注意的酸败现象

（1）发酵液挥发浓度升高、pH 下降，可在出水中闻到酸臭味道。当酸败时，pH 可达到 6.4 以下。

（2）沼气产量明显减少，沼气中二氧化碳含量升高，甲烷含量下降，火力不足或者点不着火。

（3）出水浓度升高，水色黄浊不透明，带有大量的悬浮物。

4. 防止酸败的方法

严禁不按设计要求操作，投入过量的粪便或废水，使沼气池超负荷运行；严禁向池内投放剧毒农药、各种杀菌剂以及对发酵有抑制作用的物质，例如，全场大规模消毒的废水。以防止产沼气细菌被破坏而停止产气。发生酸败时用一些石灰水或烧碱水，加入时必须用水稀释，不能集中大量加入，使发酵液的 pH 保持在 6.8 以上。

（四）正常进料

沼气池的启动完成后，池内富积了足够多的厌氧菌，可以正常进水或进粪便。

1. 沼气池的类别

目前使用的沼气池按照功能可分为两大类：以处理水为目的的沼气池，可解决环保问题；以获得更多能源为目的的产气沼气池。

（1）处理水的沼气池。处理水的沼气池进料执行粪水——隔渣池——缓冲池——沼气池的流程，各个环节按照要求管理，并保证尽量少的渣滓进入沼气池。

（2）产气用的沼气池。产气用的沼气池进料执行粪水——缓冲池（或可省略）——沼气池的流程，进水中可根据需要添加一定量的粪渣或缓冲池的浮渣，粪渣能堆沤几天更好。

2. 原料预处理

原料预处理包括隔渣和缓冲调节。

（1）隔渣池的使用（专供污水处理用的沼气池使用）。隔渣池用于清除粪便污水中的猪毛、残余饲料、粪渣及杂物，防止大块杂物进入后续处理设施，影响系统的正常运行。隔渣池根据需要轮换使用，滤干的粪渣及时清除，并保持周围环境卫生。

（2）缓冲池的使用。缓冲池水力停留时间为 1.5 天，用于调节水量和水质，防止冲洗栏舍时导致大量的粪水短时间内进入沼气池对其造成冲击。缓冲池较长的水力停留时间，可以通过微生物的酸化作用，将大分子化合物水解成小分子化合物，有利于改善出水水质和提高沼气池单位池容的产气效率。

缓冲池的浮渣每周至少清理 1 次，并及时运走，或进入用于产气的沼气池中。

（五）沼气池的管理

1. 沼气池的日常管理

（1）沼气池的压力管理。沼气池产气收集在池体顶部，沼气产生的量越多，温度越高，池内的压力越大。为了保证池体的安全，促进发酵的正常进行，必须经常用气，或者把气排出，保证沼气压力在12~16千帕。

（2）沼气池的安全问题。沼气池附近严禁烟火，以防气体泄漏遇火发生爆炸。

（3）沼气池的进出水管理。当猪场进行大规模消毒时，禁止粪水进入沼气池内，平时猪场普通烧碱消毒水可进入沼气池。防止酸性物质进入，禁止大的禾草、秸秆进入沼气池。

（4）雨天沼气池的管理。严禁猪场的天面水进入沼气池。

2. 长时间使用后的沼气池维护

沼气池在使用数年甚至更长时间后，池内积累的沉淀物堆积，会使沼气池有效池容减少，缩短水力停留时间，造成出水水质变差、产气量降低，甚至无法正常进水。一旦出现此现象，必须对池内的沉积物进行清理，并重新启动。

清理池内沉积物的方法为完全打开输气管道阀门，使沼气池顶部的储气室与大气相通。从活动口用泵将池内的发酵物抽出，保留最初30~60米³黑色的料液，作为下次启动用的接种物。将池内的水和沉积物清理干净后，再将30~60米³的接种物注入池中，重新启动。

注意在清理过程中最好避免人在活动口附近，以免发生意外。人员不可随意进入沼气池中，池内残留的沼气可使人窒息甚至死亡。

第十一章　用电安全

一、室外布线

（1）电线杆不应架设在基础不牢的地方，线杆应架设在猪舍蓄水池或水沟旁边。

（2）外线进猪舍时应有护套，严防雨水从外线流入猪舍总开关。

（3）线路的相线要求选择黄色、绿色、红色与变压器低压侧相序颜色统一。

（4）导线截面50毫米^{2}及以下的线路，零线采用同相线一个线级；导线截面50毫米^{2}以上的线路，零线采用低于相线一个线级。

（5）导线连接应用压线钳穿套管压接。

（6）接头、导线绝缘损伤点应用耐气候型的自黏性橡胶带，至少缠绕5层作绝缘。

二、室内布线及设备安装

（1）室内布线不能使用裸线和绝缘不符合要求的电线，电线的截面积必须有足够的容量，必须与负载容量配合，否则电线过热容易烧坏绝缘，导致火灾及其他危险。

（2）电器设备必须绝缘良好，不破损，当发现闸刀、开关、熔断器、插头、插座有破损时，应及时更换。

（3）室内导线最好选用阻燃处理材料制成的PVC管穿套，PVC管不应铺设在高温和易受机械损伤的地方。

（4）断路器与熔断器配合使用时，大熔断器应尽可能装在子断路器之前，以保证使用安全。电器设备的熔丝大小要看电器设备过流量来定，不能配得过大，更不能用其他金属随意作为保险丝使用。

（5）配电及各种运行的电器设备的外壳、开关和连接金属体均应安装地线或接零线，当绝缘层被破坏时，能及时断开用电器电源或使漏电流流入大地，使电器设备的金属外壳与大地保持同电位，使人触击外壳时不会发生危险。

（6）猪舍内应放置四氯化碳灭火器，万一发生电器设备漏电引起燃烧时应立即断开电源，用黄砂、四氯化碳灭火器扑灭，切勿用水或酸碱泡沫灭火器灭火。

（7）临时使用的导线要用绝缘电线，禁止使用裸导线，临时线悬挂要牢固，不得随地乱拖，拆除临时线时应先切断电源，从电源一端拆向负载。

三、水电设备的使用

1. 开关照明

（1）照明灯等控制开关应接在相线（火线）上，照明灯不能用大功率灯泡（特别是安装在天花板底下），以免灯泡产生高温，使灯座变软、电线绝缘层烧熔而发生短路事故。

（2）开关接触面一定要平整、干爽，以免发生缺相、漏电而损坏电器设备和人身触电事故（特别是高压清洗机开关），定期清除断路器、熔器开关、漏电开关上的积尘和检查各种脱扣器的动作值（定期按试验按钮）。

2. 插座的使用

（1）生产线插座仍有清洗消毒机专用、风扇专用及保温灯专用等种类，不管何种插座在插插头时均要求插稳，以免造成接触不良而损坏电器设备。如有必要拔下插头时，必须用一手按住插座，用另一手拔插头，以免造成插座松动。

（2）要尽可能保持插座干爽，尤其是冲栏清洁时不能对着插座喷水，以免造成短路或漏电，最好在冲栏前用薄膜包盖好。

（3）电源插座均应有一根接地导线。

3. 风扇的使用

（1）风扇插座一定要插牢固，以免缺相烧坏风扇电机，如要关风扇时，应使用风扇总开关。

（2）电源有故障时应关总开关，个别风扇有故障时应拔插头。

（3）保持风扇机头干爽，切忌冲栏、消毒时对着机头喷水。

（4）冬、春季节停用风扇时，应擦干净风扇，并用薄膜包好。

（5）风扇摆头转动器要定时加润滑油，防止齿轮卡死。

4. 喷雾、清洗消毒机的使用

（1）喷雾消毒机使用前先加油，平时要经常检查油位，机油不够时要及时添加，加油时不准超过油位线。

（2）喷雾消毒机的压力已经由水电人员调试好，任何人未经允许不得乱调，以免弹簧引力过大而冲坏调压器和扭断曲轴。

5. 清水泵的使用

（1）清水泵开泵时先开水闸再开电源，关泵时要先关电源再关水闸，以免负荷过大影响水泵寿命。

（2）冲栏时应避免打湿水泵，防止发生短路。

（3）清水泵如不能启动和有异味发出时，是电机漆包线绝缘层损坏或线圈、转轴严重受潮，降低了绝缘性能，通电时被电压击穿短路所致。发生此故障时应立即停止使用水泵，通知水电工检修。

6. 保温灯的使用

（1）保温灯每天应看室温变化来关灯一段时间，以延长使用寿命。

（2）冲栏、消毒时应先关灯10分钟后再冲栏，以免水珠飞溅到灯泡上，使灯泡爆裂。

（3）根据仔猪大小来调节保温灯高度，以防仔猪打架时打烂灯泡。

（4）保温灯头、电线绝缘胶似有熔化、烧焦的情况时，应及时更换。保温灯电源线清洁、消毒后要待干爽后才能使用。

7. 风机、水帘的使用

（1）风机一般在夏、秋季节使用，若冬季在封闭猪舍考虑到通风需要时，可适当开风机通风。

（2）夏、秋季节使用时，当温度下降到25℃以下时，只可使用1台风机。

（3）使用多台风机时，风机不能频繁启动，以免交流接触器线圈短路，烧坏电机。

（4）水帘在冬、春季节要保持干燥，当季节温度下降到25℃以下时，可关掉水帘。

（5）水帘的水滤器、蓄水池应尽量定期清洗，以免阻塞。

四、发电机组的使用

1. 启动

（1）启动前查看机油、燃油是否供应正常。

（2）用手动机油泵泵上机油至有机油从柴油机上流出到储油箱中，并保持1分钟。

（3）用手动转动曲轴运转5转。

（4）卸下负载，启动前须空载启动。

（5）调节调速器操纵手柄至700转/分钟左右，用手启动空气阀门，待柴油机一启动后立即关闭启动空气阀门，在此情况下空转3分钟。

2. 运转

（1）观察正常后再加速，加速是要逐步地加，不能突加突减。

（2）观察运行中的机组有无异常情况，如有无异响声，有无剧烈震动，有无漏水、漏油、漏气、漏电现象，有无火花、焦味，仪表是否指示正常、排气是否正常。如有白烟、蓝烟、黑烟为不正常。三相是否平衡，各电流差不能超过20%。如发现异常，应停机检查。

（3）最大负载电流不能超过额定电流，最低使用负载电流不得低于机组额定负载的50%。

（4）水温在75~80℃，机油温度在50~90℃，机油压力高于0.25兆帕，方可进入全负荷运行。

（5）进入负荷运行时，要从小负荷到大负荷逐个地进入，既先从最小的负载开关合上，调节到供电至正常后再合上第二个负载开关，如此操作下去。

3. 停机

（1）停机前须先卸下负载，步骤与进入负载时一样，即先卸小负载的开关，调节到供电至正常后再卸第二个负载开关。

（2）待卸完全部负载后，逐步调节转速至 750 转 / 分钟左右，空转 3~5 分钟后再停机。

（3）停机后对使用情况进行登记。非特殊情况不得突然停机。

五、电器设备的检修

（1）检修电器设备时尽可能不带电进行，如必须带电操作，则应严格按照带电操作规程，带电作业必须穿戴合格的绝缘服，使用绝缘工具，并有专人监视，采取必要的安全措施，并与其他带电设备保持一定的安全距离。

（2）在检修电器设备前，应先用试电笔测试是否带电，确认无电后方可工作，为防止电路中突然来电，应拉下闸刀开关然后才开始工作。如电路修理时维修人员离总开关较远，则应在打下的总开关上挂上"正在维修，请勿打闸"的字样，以免有人误打上闸刀而发生事故。

（3）有安装避雷针的，避雷接地线在雷雨季节到来之前要进行测试，接地电阻应小于 45 欧姆。

（4）水电设备由场水电工专人负责，水电工要勤检查线路、电器设备，杜绝一切事故发生。

（5）员工在使用电器设备过程中应爱惜设备，雷暴天气尽量减少电器设备的使用，以防雷击。若有发现违规操作破坏电器设备时，应严肃处理。

第十二章　公司与养殖户
合作模式

一、合作养猪的目的

为了适应市场的需要，改变单家独户饲养肉猪参与市场竞争的被动局面，通过"公司＋农户"模式，建立一支强大的商品肉猪生产队伍参与市场竞争，以达到共同致富的目的。

公司与养殖户的关系是相互合作的关系。合作双方通过资金、劳力、场地、技术、管理等的优化组合，实行优势互补，形成资源互补，使广大养殖户通过公司这个龙头进入大市场，在激烈的市场竞争中，公司与养殖户携手合作，共同发展。

在养猪的全过程中，公司负责饲料、药品的采购和生产，药物、仔猪的生产，技术研究和推广，肉猪质量验收，肉猪销售等工作；养殖户负责肉猪饲养工作全过程的管理。公司与养殖户的合作是一种生产行为的自愿组合，即与公司合作的养猪户实际上是公司的生产车间，这种生产车间按公司的生产管理标准和技术标准进行产品生产。养殖户饲养的猪群产权属公司所有，饲养的过程即为来料加工的过程。养殖户的利润作为加工的费用，肉猪的销售是一个自产自销的环节。在这个组合过程中，合作双方形成紧密利益的共同体，公司与养殖户总体上风险共担、利益共享。

二、公司与养殖户的合作流程

合作养猪是公司为合作养殖户提供产前、产中、产后的一条龙服务。在一条龙服务的过程中，公司各部门为养殖户提供全部仔猪、饲料、药物及技术服务和产品回收。公司与养殖户的合作流程如图 12-1 所示。

（一）申请养猪

打算与公司合作养猪的农户凭身份证到服务部索取养猪申请书，如实填好后交服务部审核批准。

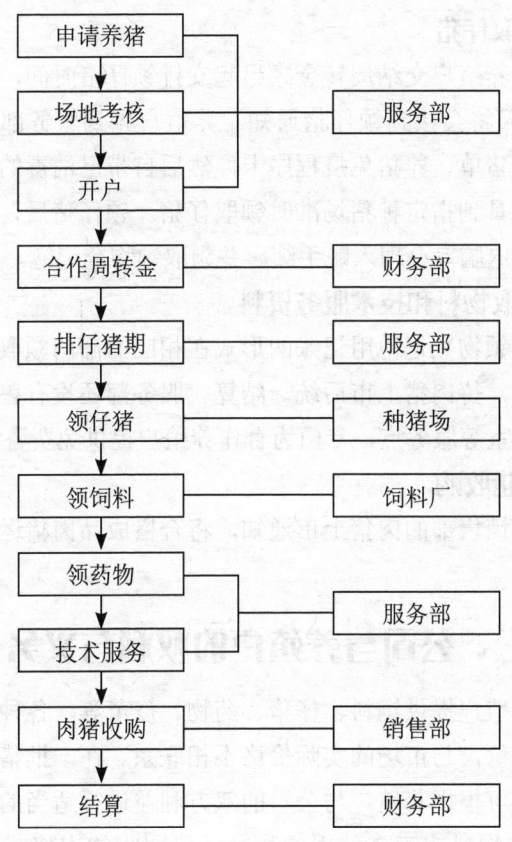

图 12-1　公司与养殖户的合作流程

（二）场地考核

服务部依据申请书派专门技术人员实地考察，如果场地符合公司的标准要求，则公司将规定的猪舍布局与建筑要求告知农户。

（三）开户

在猪舍布局、建筑、排污、交通等养殖条件达到公司标准要求后，到服务部开户。

（四）交纳合作周转金

凭服务部实地了解核准同意的表格证明书到财务部办理开户手续，按养猪规模交纳养猪周转金（每头 200~400 元）。

（五）领取仔猪

服务部从养殖户交纳周转金之日起安排领仔猪时间，养殖户在领仔猪前 5~10 天将会接到领仔猪通知。养殖户先到服务部办理领仔猪手续，领取仔猪单、养猪免疫程序卡，然后自带已消毒的运输工具及保暖、防雨用具到指定种猪场准时领取仔猪。领仔猪后，于当天带磅码单到服务部电脑室办理入账手续。并领取领物登记簿。

（六）领取物料和技术服务资料

养殖户凭领物登记簿用记账的形式在相应的部门领取饲料药物，不用交付现金，待肉猪上市后统一结算。服务部还设有兽医诊断室、技术咨询服务室等服务点，专门为合作养殖户提供免费咨询服务。

（七）肉猪收购

养殖户凭销售部的肉猪上市通知，将合格成品肉猪运到销售部统一收购。

三、公司与养殖户的权利与义务

公司为养殖户提供饲料、仔猪、药物、疫苗等，各种物料的价格均属内部领用价，与市场的实际价格不相联系。在一批猪的整个饲养过程中，公司可根据养殖户与公司的双方利益进行适当的价格调整，包括已使用的物料或正在使用的物料、已回收的肉猪或未回收的肉猪。总之，该批猪尚未结算之前，均可作适当调整或适当的补贴。

（一）公司与养殖户的权利

1. 公司的权利

（1）负责调整仔猪、药物、饲料等物料的领用价及肉猪的回收价格。

（2）负责制定肉猪饲养环节中各项管理规定和技术指标。

（3）负责调整合作周转金及欠款的利率。

（4）对损害公司利益行为的养殖户进行追究，对合作不精诚的养殖户终止合作。

（5）回收全部合格的成品猪，规定成品猪所需的饲料和药物的用量。

2．养殖户的权利

（1）有要求公司回收合作饲养的合格成品猪的权利。

（2）一批猪结算完毕后，有权解除与公司的合作关系。

（3）有拒收不符合公司质量标准物料的权利。

（4）有监督公司工作人员服务质量、服务态度的权利。

（5）有要求公司提供产前、产中和产后一条龙服务的权利。

（二）公司与养殖户的义务

1．公司的义务

（1）为合作养殖户提供产前、产中和产后一条龙服务，即以记账形式为合作养殖户提供养猪所需的仔猪、饲料和药物，定价回收养殖户合作饲养的合格成品猪。

（2）为合作养殖户提供全过程的技术指导服务，包括猪舍的选址、建筑指导、肉猪饲养指导、疾病的诊断指导，协助合作养殖户养好猪。

（3）做好养殖户专业技术的培训工作。

2．养殖户的义务

（1）饲养公司供应的仔猪，使用公司统一提供的饲料、药物和疫苗。

（2）不断学习新技术，提高饲养管理水平，接受公司的技术指导，严格执行公司制定的各项管理规定，正确使用饲料、药物和疫苗，做好隔离消毒、卫生清洁的防疫工作。

（3）自觉遵守公司制订的饲养管理规定，如数将合作饲养的猪只交公司回收。

四、合作养猪应具备的条件

（一）合格的场地

1．场地选择

（1）距离居民区 500 米以上，距离化工厂、屠宰场、皮革厂等畜产品加工厂 1 500 米以上。

（2）交通便利。能安全畅通5吨货车（载重达18吨），距离主要公路至少要300米以上。

（3）有相应面积的排污鱼塘，猪与塘的比例为100头配6 667米²鱼塘。

（4）地势高燥，向阳通风，避免空气涡流现象。

（5）水源充足，水质良好，不受周围条件的污染。最好用地下水，但注意水的硬度不能大，或某些矿物含有毒性物质。

2. 猪舍建筑

（1）畜舍座向为坐北向南，较好的座向为向南偏东15°至向南偏西5°。

（2）要求分管理区、生产区、粪便病畜处理区，居住建筑在主上风向，饲料仓库、猪舍隔离区在中间，粪便池、病猪隔离舍在下风向。

（3）建筑要求为水泥砖瓦结构，最好为单排带走廊，其次为双排。基本要求可到服务部查询。

（二）配套的养殖设备

（1）防疫用具。以存栏猪200头计，20毫升注射器2支，9号、12号和16号针头各20个以上。

（2）消毒用具。喷雾器1个、冲洗机1台或清水泵1台。

（3）保温用具。以存栏猪200头计，烧柴大油桶4个，温度计2个，四周帐幕1套。

（4）降温用具。以存栏猪200头计，配牛角扇2台，瓦面或舍内自动喷雾降温设备1套。

（5）销售设备。标准磅秤1台，出猪笼车1台，配套建出猪台1个。出猪台尺寸可到服务部查询。

（6）工作用具。猪场工作人员配2套工作服、工作鞋。水桶、铁铲、扫把等根据需要而定。

（三）资金

资金主要是用于交纳养殖户合作周转金、猪舍建造、购买养殖设备和一批猪的生产费用等。

（四）责任心

一般来说，一个劳动力最多可饲养管理 250 头猪，饲养管理人员一定要有高度的责任心，勤于工作、善于管理和善于学习。

（五）诚信

只有真诚合作，严格遵守各种饲养管理规定，保证肉猪质量，才能长期愉快合作。

五、公司为养殖户提供的服务

养殖户在与公司合作养猪过程中，公司为合作养殖户提供产前、产中、产后一系列服务。

（一）生产服务

（1）提供种仔猪。

（2）提供饲料。

（3）提供药物和疫苗。

（二）技术服务

（1）制定养猪免疫程序。

（2）指导场舍建筑。

（3）多形式的养猪技术普及与提高。

（4）兽医诊断、猪病解剖、咨询服务与疾病防治。

（5）技术员或助理员现场技术指导。

（三）销售服务

（1）按计划回收合格的成品猪。

（2）协助养殖户销售不合格的产品（见品质标准）。

（四）财务服务

结算时提供一份财务清单，清单包括领取物料情况、上市率、料肉比、盈亏情况等。

六、合作养殖户应遵守的规则

（一）领仔猪规则

（1）养殖户按领仔猪通知指定的日期到公司服务部领取领仔猪单、养猪免疫程序卡，在规定时间内到指定地点领取仔猪。

（2）运输仔猪所需的车辆、保温防护设备、防晒或防雨用具等由养殖户自备。领仔猪时核准数量和质量，运输途中不要随意停留，应注意仔猪的保温与通风。仔猪上车后，如丢仔猪、死仔猪等，责任由养殖户自负。

（3）在领仔猪前要做好消毒工作，并再次检查是否具备足够的养猪设备，各种保温或降温要求是否达到标准。

（4）与公司合作养猪期间，养殖户不能私自从外面购买仔猪或其他类动物混养，也不能将公司的仔猪外卖。

（5）养殖户在领取仔猪时，应按公司规定标准当面验收仔猪的数量和质量。离开后，如有数量和质量问题，自行负责。

（6）仔猪质量控制标准。40~50日龄，重量13~17千克，精神活泼，体格健康，外表无残缺畸形。

（二）领物规则

（1）养殖户凭领物登记簿到服务部以记账的方式领取所需的饲料、药物、疫苗等。

（2）领取饲料所需的运输工具和运输费用由养殖户负责。运输车辆到服务部前应先清洁消毒，在运输途中因养殖户疏忽而造成的损失，由养殖户自己负责。

（3）养殖户领料周期一般以每周1次为宜，过久易霉变且营养成分损失较多。饲料应遵守先进先用、推陈储新的原则，以保证饲料的新鲜及质量的稳定性。如发现饲料有结块、发霉现象，应立即停止使用。

（4）存放饲料的地方要求干燥、通风、阴凉、防鼠防雨，堆放饲料要用垫板，垫板离地高度30厘米以上，离墙20厘米以上。

（5）按照公司免疫接种卡的日龄要求或需特殊加强免疫的紧急通

知，当天到服务部领取疫苗，自带泡沫箱或保温瓶。领取疫苗时，检查与所需的疫苗品种及数量是否正确。冰藏带回，当天取当天用。疫苗稀释后 3 小时之内用完，做到边稀释边用。

（6）为了保证养殖户的经济效益，养殖户必须使用公司的饲料、药物、疫苗等。公司将根据猪的料肉比计算饲料量和药物，不得随意少领或多领饲料和药物，不得滥用饲料、药物和疫苗。

（7）养殖户不得私自从市场购买饲料、药物和疫苗回来使用，也不得把公司的饲料和药物领回去变卖或作他用。

（8）在每个饲养周期，公司将给予每头生长猪供应系列猪料 4~5 包，其领用价以公司最新公布的价格为准。每头猪有一个推荐领料用量，例如目前运行的推荐用料量，按出栏体重 90 千克为例（见表12-1）。

表 12-1　生长肥育猪 90 千克体重出栏时推荐用料量

饲料名称	标准用量（40 千克 / 包）
仔猪料	44 千克（1.1 包）
中猪料	48 千克（1.2 包）
大猪料	88 千克（2.2 包）

（三）饲养管理规则

（1）严格遵照公司制定的猪场卫生防疫制度，确保养殖环境的清洁及流行疾病的控制。

（2）养殖户应有高度的责任心和足够的劳动力，在饲养过程中听从技术员的正确指导，认真实干，力争取得理想的饲养效果。

（3）饲养公司的肉猪，应使用指定的公司饲料，不能使用任何其他饲料及三剩料。

（4）严格按免疫程序执行防疫，不准随意更改接种时间和剂量。

（5）正确使用饲料，不准随意增加或减少，不准倒卖公司饲料或喂其他家畜。按指定每阶段使用不同品种的饲料进行饲喂。

（6）严格防疫消毒，大门口和猪舍进出口必须设置消毒池，消毒

池保证备有消毒水。定期带猪消毒和环境消毒，每周 1 次。

（7）饲养期间不准闲杂人进入猪场，猪场内及周边不准饲养其他家畜。

（8）按照公司制定的当前饲养管理措施执行饲养。

（四）肉猪回收规则

（1）养殖户接到回收通知后，自行安排车辆，并按通知的数量及时将猪送到公司回收。

（2）在运送过程中，应根据实际需要做好保护工作，最大限度地减少损耗。

（3）成品猪必须保证全部送到公司定级定价回收，养殖户不得以任何借口私自变卖肉猪，也不得从市场购回肉猪充数回收给公司。

（4）成品猪必须保证质量，只许以平肚上市，不能以任何手段把猪喂得过饱。如发现猪只有过饱现象，则每头猪扣耗 2.5~5 千克。

（5）因不正当喂食而致使肉猪委靡不振，甚至濒临死亡，公司将不予回收，养殖户须承担由此而造成的损失。

（6）当发现有应激大嘶叫不止的抽搐猪或属残次猪时，养殖户不能强迫公司回收或强迫客户买猪。

（7）在出猪时须做好各种防护工作，如气温较高，装车时要给猪淋水。在过磅称重之前与车未出发时，猪只死亡或伤残由养殖户负责。

（8）肉猪收购定级标准见表 12-2。

表 12-2　肉猪收购定级标准

级别	外表特征	体重规格
正级	健康、精神饱满、五官四肢无疾病，皮毛光泽	75 千克以上
次级	达不到正级标准的	

（五）结算规则

（1）养殖户在肉猪全部上市的第二天起，凭养殖户主的身份证、磅码单、领物登记簿到服务部结算。

（2）仔猪订单和领物登记簿是养殖户的财务凭证，养殖户要妥善保存好。如有遗失，要及时报告公司财务部；报失前被人领取物品的，后果自负。报失后要确认结算手续，补发新的领物登记簿，公司收取工本费和手续费 20 元。

（3）养殖户在肉猪上市结算后的饲料消耗，必须要达到料肉比的控制范围（1：2.4~1：2.6）。否则每少 1 包饲料扣 20 元，每超 1 包饲料扣 10 元。

（4）养殖户交付的仔猪周转金及领取物料的费用实行双向计息。结算后养殖户可提取本批毛利的 20% 作为养猪生产费用，直至合作周转金每头猪达到 400 元为止。即合作周转金达到每头 400 元的，提取本批猪毛利不受限制。

（5）仔猪周转金不足者要办理担保手续。

（6）养殖户需继续订仔猪，可在结算当天向财务部申请订仔猪，增加订仔猪或每头周转金少于 200 元，要经服务部主任或财务负责人批准。周转金不足者，仍需重新办理担保手续。

（7）作停户处理的养殖户，如需再次订养猪，要向服务部重新申请开户。

（8）订仔猪后不允许再取款，如有特殊，需公司批准。

七、肉猪的卫生防疫与饲养管理

（一）免疫接种

免疫接种是控制猪场疫病流行的重要措施。养殖户必须根据免疫程序按时按质量做好疫苗接种。免疫接种应注意以下 3 个问题：

（1）疫苗运输。疫苗应在冷藏条件下运输，养殖户自带泡沫箱或保温瓶冰冻运取疫苗，不能过分振荡，并即取即用。

（2）稀释要注意疫苗的生产日期是否过期，疫苗包装是否有质量问题。猪瘟与肺疫苗是冻干苗，真空包装，稀释液针筒插入后，稀释液自动注入瓶内即合格，否则不合格，要弃之不用。疫苗稀释时稀释液绝对不能混乱，猪瘟疫苗配无色生理盐水（多种名称，又叫生理盐

水氯化钠、兽用疫苗稀释液等），肺疫苗配白色铝胶生理盐水。

（3）注射。针头不漏气、不漏水，根据猪的大小使用 12 号或 16 号针头。器械使用前高温消毒 30 分钟，1 头猪或 1 栏猪换 1 个针头。注意足量接种疫苗，不能漏注或打飞针，注射部位在耳根后缘肌肉隆起处，与皮肤呈 45°注入肌肉，而非皮下。接种 2 种疫苗时分两侧耳不同部位进行，应对注射部位消毒。

（二）防疫消毒

（1）大门入口和猪舍入口各设 1 个消毒池，使用 2% 烧碱或其他消毒水。

（2）工作人员入猪舍必须更衣、换鞋、消毒。

（3）每周定时带猪消毒 1~2 次。

（4）进入猪舍的生产用具必须消毒后才能入猪舍。

（5）定期对门前通道及猪舍四周喷消毒水或洒生石灰。

（6）不饲养狗、猫或其他家畜。

（7）谢绝参观。

（三）卫生条件

（1）保持猪舍既通风又保温，改善舍内空气卫生状况。

（2）从刚分栏起便调教好猪的卫生习惯，定点排粪。

（3）定期冲洗猪体，保持卫生。

（四）饲养管理

（1）运输仔猪后做好防寒、防暑和防应激的各项工作。

（2）领回仔猪后按体重大小、体格强弱分栏，从大到小依次放入。

（3）猪群应激较大时可添加抗应激药物。例如，刚进的仔猪喂料时添加维生素 C 或土霉素、北里霉素，抗应激防腹泻。

（4）进猪半个月内分 3 餐或 4 餐饲喂，少吃多餐以防消化不良；半个月以后，自由采食。

（5）平时加料和清扫时，应认真观察猪群生长状况与疾病发生情况，特别要留心注意不吃料、精神状况差、单独离群俯卧于边角的猪

只，做到及早发现、及时治疗，以便收到事半功倍的效果。

（6）在仔猪料过渡到中猪料、中猪料过渡到大猪料时，应提前混料饲喂 1 周。开始时仔猪料与中猪料分量为 4∶1，逐步转变为 3∶1、2∶1、1∶1、1∶2、1∶3 和 1∶4，最后过渡到中猪料。大猪料以此类推。拌料期间加入适量酵母粉、北里霉素或土霉素，有助消化杀菌。

（7）在平时饲养中，猪场必须有专人看管，以防走猪、打架，避免不测的情况发生。

（8）冬、春季节做好防寒保温工作，要根据各阶段猪的生长适宜温度去控制室内温度。仔猪生长适宜温度是 25~28℃，中猪生长适宜温度是 21~25℃，大猪生长适宜温度是 18~23℃。保温的措施：①落帐幕；②用大油桶烧柴或烧炭；③用谷壳或木糠作垫料。保温的同时，要注意猪舍清洁干燥、通风透气和防火工作，给猪创造一个舒适温暖的环境。

（9）夏季是高温季节，要防暑降温，舍内开牛角扇或自动喷水或人工冲洗，创造适宜的生长环境。

（10）夏季是多虫多蚊季节，要做好舍内舍外的灭蚊、灭虫工作，预防寄生虫病的发生。

（11）饲养肉猪，除做好各项硬件措施外，如何控制最适合的饲喂量，降低料肉比即降低生产成本尤为关键。故平时应多学习、多总结。

附　录

附录1　冬季养猪生产管理细则

冬季临近，根据历年冬季养猪生产的经验，因气候寒冷、早晚温差较大，易发呼吸道病和流行性病毒性腹泻。为了尽量消除不利因素对养猪生产的影响，应充分做好防寒保暖工作，总结以往经验，特制定冬季养猪生产管理实施细则。

一、总则

（1）各生产单位做好猪场员工和养殖户的冬季生产动员工作，尤其是新养殖户、新员工。针对冬季养猪生产的要点，做好员工和养殖户的培训。强化防疫、防寒保暖和通风意识，培训冬季养猪生产的各项操作技能。

（2）做好各项防寒保暖的准备工作，检查保暖设施。根据各单位的生产特点，配备足够的保温板、保温灯及煤炉设施，使用煤炉设施的必须准备通气管。检查门窗及屋椽，以防贼风。保育舍及养殖户仔猪阶段可采用房中房（用薄膜）的保温设施，加强保温。

（3）加强防疫。冬、春季节是烈性传染病的好发季节，各单位必须严格按公司下发《关于加强落实防疫工作各项措施的紧急通知》的要求，制定措施，确保生产的稳定性。

（4）在保暖阶段，各生产单位必须注意通风和防火要求，防止因通风不良而造成呼吸道病增多或发生生产事故。

（5）针对冬季多发的疾病，各单位定期做好防呼吸道病（如流感、副嗜血杆菌病、支原体等）的药物保健方案。

二、对猪场的要求

（一）检修和完善各项设施，以利于防寒保暖和安全生产

1. 生长舍、隔离舍

采用四周围无纺布帘（彩条布），局部围塑料膜（屋中屋），安装

保温灯。减少冲栏次数，保持栏舍干燥。

2．公猪站、配种舍及怀孕舍

做好猪舍的密封（卷帘与瓦面、地面交接处的空隙，猪粪沟的进出口），杜绝贼风侵袭。减少冲栏次数，料槽水不要放太满，扫料槽时要注意不要把水扫到定位栏，保持栏舍干燥。

3．分娩舍

重点做好猪舍的密封，充分利用猪体本身的热量和有限的保温装置来防寒保温，降低保温费用。杜绝带猪冲栏，带猪消毒。以熏蒸消毒为主，液体消毒为辅。

（1）窗户。

窗户内外密封2层，中间有静止的空气以起到保温作用。可以用2层塑料薄膜，也可以里面封1层塑料薄膜，外面挂上麻布袋或者稻草窗帘。为了保证舍内通风的方便，可以密封几个窗户，然后间隔1个窗户。

（2）大门。

2个活动的主门，里面封1层彩条布或薄膜，可起到绝缘保温作用，外面也可以再做1个门帘（门帘材料可以选用稻草，即门帘面用彩条布，门帘里用稻草），或者用麻布袋拼起来做1个门帘，外挂。不活动的其他门，参考窗户的密封方法。

（3）湿水帘口。

可在里面用1层塑料薄膜密封，外面用彩条布2层密封，中间挂上稻草或者麻布袋，或者外层只挂上稻草或者麻布袋，原则上是密封2层。

（4）天花板。

天花板有破损的，要用彩条布或者塑料薄膜封好，可以探讨在原天花下面再用塑料薄膜制作1层天花，即降低高度以便减少空间。降低天花要以不影响工作为限。

（5）风机口。

风机口里面用麻布袋窗帘或用塑料薄膜窗帘。因为风机要经常使

用，各个场可以根据自己的情况确定。

（6）冲水器的进水口。

用防水的饲料袋里面装上稻草，密封好盖在上面，然后用砖头将其压住，以防被风吹走。

（7）煤炉加温。

在产房低于16℃、保育舍低于20℃时，可使用煤炉加温。

4. 保育舍

重点做好猪舍的密封（封好窗、门的缝隙，封好湿帘口，封好猪粪沟的进出口），杜绝贼风侵袭。垫保温板、开保温灯、（辅助）烧煤炉，局部舍中挂塑料薄膜（屋中屋）。杜绝带猪冲栏，消毒以熏蒸消毒为主，液体消毒为辅。

在刚进猪的单元低于22℃、并栏单元低于22℃、其他单元低于18℃时，可使用煤炉加温。

5. 出猪台

四周围好彩条布，防止冷风吹袭，消毒要求明确到人到点。

（二）加强防疫消毒

（1）为了保证消毒水的效果，要求消毒水温在10℃以上。

（2）多用酸性消毒药和多种消毒效果较好的消毒药轮换使用。

（3）每月用0.2%牧丰宝给种猪群饮水5~7天。

（4）主要路口和出猪台周围保持摆放有效的石灰烧碱混合物。

（5）加强各式各样车辆的消毒，建立与消毒相关的专人负责制度，并随时检查。

（三）加强细化管理

（1）场领导班子成员要加强查夜工作，查缺补漏，及时发现和纠正在防寒保暖方面存在的问题。

（2）落实好冬季主要疾病的防治措施。

（3）加强免疫注射和药物保健。按照股份公司的免疫程序和各场制定的药物保健程序进行免疫和保健。

（4）处理好防寒保暖与通风换气之间的关系，减少冬、春季节常见病的发生。

（5）做好人员的防寒保暖工作（尤其是夜班人员），配备相关劳保用品。

（6）场内转猪车辆仍要注意密封，车速适当，转弯时尽可能慢速运行。

三、对服务部的要求

（一）进仔猪前的准备工作

（1）养殖户在肉猪出完后，迅速、彻底做好猪舍内外的环境卫生和消毒工作。水管内用1.5%~2%赛可新消毒。空栏至少1个月才能进仔猪。

（2）安装好四周帐幕，固定好帐幕下端，由上往下降，便于调控猪舍内的温度与通风。烟囱、排粪口、瓦檐等要封好。进仔猪前1天要领取保健和防应激性药物、消毒药物等。

（3）做好仔猪装运准备工作。提前备好车辆，车辆必须安装有前、后、两侧的挡风篷布，安装好后严格清洗消毒，车厢里面垫较厚禾草。运输途中要注意通风和保暖，防止闷着、冻着猪只和丢失仔猪现象。

（二）饲养阶段的管理

1. 投仔猪密度

严格控制在1.5米²/头。

2. 仔猪定位

猪舍进猪之前，要在猪栏前半部分铺些米糠或垫板，猪栏门用沥青纸遮蔽，确保仔猪定好位。

3. 减少应激

及时添加抗应激药物、增加营养药物（如强力拜固舒、氨基维他、维生素B、维生素C等），同时根据需要添加预防性用药。

4. 加强饲养管理

白天、晚上特别是下半夜要增加巡栏次数，及时发现问题。猪舍要挂上温度计，每100头猪配备2支温度计，同时根据各阶段肉猪所

需的温度灵活控制舍内的温度。做到通风与保温两不误,冬季昼夜温差大,要注意晚上保温,白天气温高时要适当通风。猪群适宜温度范围为仔猪 25~28℃,中猪 23~25℃,大猪 20~25℃。

5. 设病猪隔离栏

100 头猪要预留 2 个空栏做隔离病残猪和分群用,病残猪栏要设置调理药桶,以降低残次率。

6. 保持栏舍内清洁干爽

进仔猪后 30 天内禁止冲栏,每天铲、扫猪粪 3 次,中、大猪阶段在寒冷天气禁止冲粪作业,每天铲、扫猪粪至少 2 次。保持猪舍、料房、排粪沟清洁干净,整治"脏、乱、差",杜绝乱堆猪粪和杂物现象。

7. 禁止投喂其他饲料、青绿饲料

体质弱小的猪提倡喂湿拌料,料量正常的猪群喂干料。

(三)加强日常防疫消毒工作,防止严重传染病的发生

1. 接种疫苗

严格执行公司的免疫程序,不得随意提前或推后。如有特殊原因要经过服务部主任、生产主管同意。疫苗运输要安全,按说明稀释,头份要足量,最好打 1 头猪换 1 个针头,严禁打飞针,确保不漏打,1 小时内用完。

2. 严禁外来及闲杂人员进入猪舍

在猪舍门口、主干道口设置防疫警示牌,上写"防疫重地、闲人免进"等字样。

3. 环境和猪群的消毒

猪舍外围、主干道每周喷撒 1 次 10%~15% 石灰乳或者 5% 石灰乳 +0.5% 烧碱。猪群采用自然熏蒸消毒或加热熏蒸消毒,可选用过氧乙酸、冰醋酸、白醋精等。

4. 饲养肉猪期间,严禁饲养管理人员与相关从业人员的接触

严禁饲养管理人员到养猪、养牛、养羊或猪肉、牛肉制品生产和有关销售的地方逗留。严禁购买生猪肉、牛肉、羊肉、狗肉及其加工

制品在猪场加工食用。猪场严禁饲养猫、鸡、鸭等，狗要拴牢。严禁外来人员（公司内部的工作人员除外）进入养殖户猪舍。

5. 猪舍门口要设置洗手消毒盆、消毒池

饲养管理人员进入猪舍要穿工作服、水鞋，并在消毒盆里洗手、脚踏消毒池后方可入内。公司内部人员出入猪舍时要洗手、消毒并穿水鞋，脚踏消毒池。消毒池、洗手盆要每隔 2 天更换消毒药（碱性、酸性消毒药定期轮换使用）。

6. 对猪舍内外要经常清理，保持卫生干净

清理范围包括猪舍周围、粪沟、饲料房、杂乱物房及猪舍内的过道等。

7. 出猪期间，客户不得进入猪舍内看猪

客户换场内水鞋方可在舍外走道看猪。饲料车、出猪车进入猪场前进行消毒，当猪车离开猪场后，养殖户要立即进行 1 次场地消毒。鱼塘清鱼时，要在猪舍周围铺生石灰。

（四）做好冬、春季节的防寒保暖工作

（1）养殖户在进仔猪前，要全部装好或配备保温屋、保温箱、保温板、保温灯、煤炉、煤球、米糠、温度计及帐幕等。

（2）对上批饲养期间消毒池、猪栏、料槽及出猪台等出现的问题进行修整。

（3）做好保温和通风换气工作。服务部肉猪运输一般选择每天中气温较高的时候运猪，并保证运猪车密封效果好，充分准备好各种保温材料及设施（如帐幕、木板、烧火铁桶、木柴、垫料等），做好保温防寒工作。冬天可考虑适当增加猪群密度来提高抗寒能力。

（4）重点推广"外帐幕、内屋中屋—保温箱—保温灯—垫板"和"米糠定位保温"的保温方法。环境温度过低时，要烧炭炉等提高猪舍的温度。

（五）做好防火工作

技术员要督促养殖户经常检查和维护生产和生活区的电源、电线和各种取暖设施等，烧煤或柴火要远离火源，以防止火灾的发生。

（六）严禁事项

（1）严禁使用非公司药物、国家违禁药。

（2）严禁私卖公司猪只、饲料、药物，如有发现，严肃处理，并追回公司损失。

四、冬季常见病的防治方案

（一）口蹄疫的处理原则

1．接报后紧急应对

当管理员接报后，可大概针对口蹄疫的几个特殊性症状（口鼻部、蹄冠部出现水泡的现象）询问养殖户，基本疑似后，管理员要立即通知养殖户不得任意调动猪群或请别人来诊治，同时上报服务部主任、分公司经理和区域兽医前去详细了解情况。如果疑似症状明显，分公司立即上报股份公司生产技术部，在最短时间内（不超过4小时）将现场的情况（发病情况和现状）作详细汇报，并拍照（当天要上传生产技术部，一般来说，总部相关专家会及时赶到）。

2．现场管理要求

（1）暂不移动任何猪群（个别明显激动的猪只用被子或袋子就地捂死）。加强舍内酸性消毒，可喷雾卫可、熏蒸 PAA 消毒液等，柠檬酸或牧丰宝饮水，周边环境洒石灰和烧碱混合物，以起警示作用。

（2）对接触过病猪的人员进行隔离，留下一管理员帮助养殖户处理所安排的工作和事情，同时通知周边养殖户加强舍内酸性消毒和饮水，周边环境洒石灰和烧碱混合物，密切关注猪群的动态，及时汇报。

（3）现场监控实行 24 小时制，做到发病猪只和相关人员高度的隔离状态。

3．处理措施

如果会诊结果不是，解散封锁。如果确诊，要立即一次性清群。有症状的可深埋销毁，没有症状的立即宰杀，内脏及污染物（指不易消毒物品）深埋或烧掉，肉煮熟后就地食用。清群时，动作要快，千万不要因为养殖户提出一些要求而耽搁处理时间。

4．消毒和免疫

（1）养殖户加强消毒，加强舍内酸性饮水消毒，坚持每天 2 次喷雾卫可和熏蒸 PAA 等消毒液，周边环境洒石灰和烧碱混合物，物料移道。

（2）周边区域内 10 日龄的猪和上市前 20 天的猪全部加强 1 次口蹄疫免疫，每头 3 毫升，本服务部的其他片区的类似情况相同处理。

（3）空栏消毒 1 个月以上方可进仔猪，进仔猪后每 5 天用酸性消毒液消毒 1 次地面。

（二）猪流行性腹泻的防治方案

1．预防措施

（1）严格执行封场期间的各项卫生、防疫、消毒制度。

（2）严格执行集团公司生产部、股份公司生产技术部下发的免疫程序，确保病毒性腹泻疫苗的免疫接种工作得到有效落实。

（3）严格做好后备、残次、淘汰猪运输车辆的消毒工作，做好后备猪隔离、消毒的工作。

（4）严格执行股份公司关于冬、春季节饲养管理调整的要点工作，重视保温与通风的协调关系，减少带猪消毒。怀孕母猪每周饮水添加 0.2% 高锰酸钾等消毒药水 2 次。

（5）一旦发生怀疑是病毒性腹泻的单位，应高度重视。要及时将疫情上报给分公司防疫小组和生产技术部，便于上级技术部门及时协调指导，使邻近单位及时采取预防措施，以减少或避免更大的损失。

（6）如腹泻病程为一过性，原则上不考虑"返饲"，如果病程较长，此起彼伏，则考虑"返饲"，返饲的操作规程如下：

当大龄猪群（生长舍、隔离舍、怀孕舍）发生病毒性腹泻时，首先一次性收取新鲜的病毒性腹泻水样的粪便 500~1 000 克，加水 30~40 千克，搅拌后用 4~6 层纱布过滤，然后加入青霉素 1 000 万单位和链霉素 5 克。搅匀静止 15~20 分钟后，喷洒到饲料中饲喂未发病的猪群。注意开始的第 2~4 天一般要在饲料或饮水中加上相应的抗生素，以防继发感染。每次药量供 100~150 头猪饲用。

当产房母猪及仔猪也发生病毒性腹泻时，最好采用返饲作业。但只是对怀孕配种舍母猪（一般 100 天之内）进行返饲，不要对分娩单元的哺母或临母进行返饲，否则奶水差，也来不及产生抗体供仔猪吸食。返饲的主要操作要求如下：取病毒性腹泻仔猪肠胃内容物，研烂加水 20 千克左右，4~6 层纱布过滤后，加青霉素 1 000 万单位和链霉素 5 克。搅匀静止 15~20 分钟后，喷洒于饲料中饲喂未发病的猪群。一般是每头仔猪的内容物可返饲 30~40 头母猪。注意此后加相关广谱抗生素药物防继发感染。

对于病毒性腹泻，毒力强的流行快速，隔离是很难控制的，主张返饲。病毒毒力弱、流行性不烈的一般可通过隔离防治进行控制，就不要返饲。否则，会出现很多交叉感染。

2．腹泻的治疗方法

（1）个别腹泻的仔猪要及时打针，长效土霉素 2 毫升，或口服庆大霉素 2 毫升，恩诺沙星 5% 加水稀释 1 倍，每天 2~3 毫升，可同时加维生素 B_1 口服或肌肉注射。栏面用消毒水拖干净、洒石灰消毒，用高锰酸钾水擦母猪乳房。

（2）对腹泻严重的猪要补液，B 杂粉 + 开食补盐。如大面积腹泻，要全群补液，加能速补 1 包 + 土霉素 2 包 /80 千克水，葡萄糖 1 克 /升 + 小苏打 1 克 / 升 + 碘盐 1 克 / 升，交替饮水。大面积腹泻时单元饲养员要隔离，不得到其他单元。消毒盆、消毒池每天换 1 次。

（3）腹泻栏面要固定扫把，用胶布做上记号，每天消毒水浸泡 1次。

3．注意事项

（1）加强隔离和消毒。错开饲养人员、管理人员及其他人员的行走路线和上下班时间，加强饮水消毒和常规性的带猪消毒，洒石灰等。

（2）怀孕舍注意做好防流保胎工作。

（3）辅助治疗，补液和使用抗生素。简易补液盐配方为每 1 千克水加入葡萄糖 20 克、食盐 5 克、小苏打 2.5 克，抗生素可用新霉素、庆大霉素和痢菌净等。

（4）加强护理。产房仔猪可补充奶粉、煲早米稀饭饲喂、提高舍温等。

（三）猪流感的防治方案

1. 疾病发生情况

本病主要通过空气传播，有报道称猪流感病毒可人畜共患，人的特殊血清型的流感病毒也可感染猪。各种日龄猪只均可感染，多发于秋冬、冬春等寒冷与天气多变季节，可因天气突变时保温工作疏漏、断奶与转栏头几天保温不到位、长途运输（冷天、雨天运猪车未使用帐篷）、养殖户进仔猪头几天未注意保温及冷天冲栏或冲猪身等引起。本病发生迅速，数天内可导致局部猪群几乎所有猪只发病。

2. 临床症状

（1）母猪。

有报道称可引起母猪流产，多数表现为产弱仔。其他症状轻微，可能表现为食欲稍减退、发烧、打喷嚏、流鼻涕。几天内即可恢复。

（2）仔猪（含哺乳、保育与生长猪）。

初期可有喷嚏、流鼻涕、咳嗽或腹式呼吸、眼分泌物增多、精神沉郁、打堆、喜卧而少动、强制驱赶也不愿走动等。病猪触诊有疼痛感，发烧40.5~41℃。本病传播迅速，发病率高（几乎100%）而死亡率低（无继发感染时仅为1%），采取适当措施后，一般7天左右恢复正常，但残次猪较多。如有继发感染，则可能表现多种呼吸道症状与较高的死亡率。

3. 病理变化

病变主要在呼吸道与肺脏，病猪鼻、咽、喉、气管、支气管的黏膜充血、肿胀，小支气管和细支气管内表面覆有黏稠的纤维蛋白性液体（有时带血色），肺的病变发生于尖、心、中间、膈叶的背部与基底部，病变部湿润，与周围组织界限清晰（可能凹陷或不凹陷），颜色紫红（有时为灰色），坚实，肺间质增宽，水肿，支气管淋巴结与纵隔淋巴结肿大。

4. 诊断要点

本病传播迅速，发病率高而死亡率低，流鼻涕、眼分泌物多、咳嗽、打堆。剖检小支气管和细支气管覆有黏稠的纤维蛋白性液体（有时带血色），肺的病变发生于尖、心、中间、膈叶的背部与基底部，与周围组织界限清晰。根据这些特点可作出初步诊断，确诊需借助实验室检测。

5. 病料送检

可采病猪的肺及气管，也可用鼻拭子（或棉棒）采病猪的鼻内分泌物，也可送检血清，检测抗体。

6. 防制措施

（1）预防措施。

1）加强饲养管理。

第一，加强保温，防止贼风侵袭，减少猪舍内环境变化。在秋冬、冬春等寒冷与天气多变季节，做好保温工作，初生、断奶与转栏的头几天、养殖户进仔猪头几天加强保温。冬春长途运输，注意保温，寒冷季节杜绝养殖户用水冲猪身。加强挑出的弱猪（含喂水料的猪只）的保温，它们也是重要的流感来源。将通风工作细化，减少冷风直吹猪身。

第二，严格控制好猪舍湿度。在天气多变的季节，改喷水带猪消毒为熏蒸消毒，减少带猪冲栏，减少湿度。必要时可使用生石灰控制湿度。

2）加强栏舍酸性消毒药熏蒸消毒。

常用的酸性消毒药有过氧乙酸、PAA、冰醋酸等。

（2）治疗方法。

1）就地治疗，减少病猪的移动，从而减少疾病的扩散。

2）持续加强病猪舍的保温，同时控制好舍内湿度，必要时使用生石灰除湿。

3）加强人员的隔离，病猪舍专人专管，病猪舍饲养员走专道，用具专用，不能使用风机抽风。

4）提供充足清洁的饮水，饮水中加入葡萄糖（1%）或柠檬酸（0.1%~0.2%）。

5）药物治疗方法。

方法1：用冰醋酸熏蒸，使用时按水醋比为4：1~1：1稀释，猪场每个单元可设2~3个点熏蒸，养殖户视情况可每5~10米设1个点，每次1~2小时，连熏3~5天。过氧乙酸或PAA按说明使用。

方法2：煲老姜水，每天用5~10千克老姜（严重时可加倍）煲水25~50千克，一批姜可煲2次，混合1次使用，饮用时加水稀释至100~200千克，再适当加入红糖（或白糖）与病毒灵（或金刚烷胺），使用前最好控水数小时。

方法3：直接在饮水中加入金刚烷胺。

方法4：使用一些复方中药，比如双黄连口服液、银翘散等。

方法5：使用氟甲砜霉素加扑热息痛，防止继发感染。

个别治疗：注射柴胡，仔猪每头每次3~5毫升，大猪（含母猪）每头每次10~20毫升。

（四）猪水肿病的防治方案

猪水肿病又叫强致病性大肠杆菌病，不包括黄痢、白痢。

1. 病原

多种血清型大肠杆菌致病，根据临床症状可区分为肠出血性大肠杆菌病与水肿病。

2. 传播方式

猪水肿病主要通过消化道传播，也可内源性致病，多发生于保育猪与生长猪（5~15周龄）。无明显季节性，但天冷季节多发。多见于转栏、长途运输、天气突变（尤其是由热转冷时）、饲料突变或长时间用药或使用过量杀菌药物后，消化道菌群关系被破坏而使致病大肠杆菌大量增殖而发病。

3. 临床症状与病变

（1）水肿病。

猪只体况良好，突然倒地，四肢抽搐或划动，很快不治而亡。体

温不升高或略升高，头部、颈部、眼睑水肿，可能眼结膜潮红，肚腹胀满。腹部与四肢一般无潮红与出血斑。即使及时发现后注射阿莫西林常常无效（治愈率仅 10%~20%）。但猪只也可能外表无水肿症状。

剖检颈部、胃大弯、结肠系膜水肿，肠系膜淋巴结肿大，切面多汁。其他内脏多无典型病变。

（2）肠出血性大肠杆菌病。

猪只无特别的体况表现（可肥可瘦），多表现为急性腹泻，粪便初期为糊状，迅速变为水样。粪便颜色初为灰褐色，迅速变为黄色，便中含有大量透明黏液，恶臭。猪只从发病至死亡病程 1~2 天。死前眼窝下陷，猪只呈脱水样。

剖检主要病变在小肠，尤其是空肠，肠管变粗，内容物水样，恶臭，不少肠段黏膜呈弥漫性充血、出血，肠系膜淋巴结肿大。

诊断要点：根据不发烧而急性死亡或腹泻迅速脱水死亡症状、典型的肠道病变可作出初步判断，确诊需借助实验室进行细菌分离。

病料送检：可送检病猪的结扎好的肠段、肠系膜淋巴结与肾脏。

4．疾病防治

（1）水肿病防治措施。

加强饲养管理，减少应激。在转栏、长途运输、天气突变（尤其是由热转冷时）、饲料突变及疫苗注射前后，在饲料或饮水中添加土霉素、卡那霉素、庆大霉素、氟哌酸、新霉素、亚硒酸钠—维生素 E 等预防。在长时间用药或使用过量杀菌药物后及时纠正肠道菌群关系（比如使用康泰健等微生态制剂）。当疾病发生时个体治疗（一般可采用强心、利尿、补液、抗惊厥对症处理）效果较差，可先用上述药物进行全群预防，再进行全群紧急注射水肿病疫苗 1~2 毫升，注射水肿病疫苗须防止其他病发生（如链球菌、肺疫）。注意及时将病猪隔离开来。

（2）肠出血性大肠杆菌病防治措施。

加强饲养管理，同时加强饮水消毒。全群用药可使用氟甲砜类药物（如痢速治、氟尔康、普乐健等），卡那霉素、庆大霉素、新霉素

拌料或饮水，环丙沙星饮水，同时紧急注射水肿病疫苗。个别处理，可注射先锋霉素、磺胺甲基异噁唑、卡那霉素、庆大霉素、氟甲砜类药物、环丙沙星及恩诺沙星，最好根据药敏结果使用药物。需针对脱水严重的猪只补液，简易配方为：5% 葡萄糖盐水与 5% 小苏打水按 5：5 或 6：4 比例混合。补液可采用口服（单次剂量少于 100 毫升）、腹腔注射（需加入氟喹诺酮类、庆大霉素、氟甲砜霉素类等抗生素，单次剂量，大猪不超过 50 毫升，仔猪不超过 20 毫升）与静脉吊针（单次剂量不超过 300 毫升）。

（五）猪呼吸道病的防治方案

1. 分娩舍

分娩舍进母猪后到产仔前，尽量把窗户打开，减少产仔前单元内有害气体的积聚。母猪产仔后，在保证仔猪保温需要的情况下做好通风换气工作。初生仔猪口服卡那霉素、丁胺卡那霉素、林肯霉素、土霉素等对呼吸道病有防治作用的抗生素。取掉保温箱盖的透明玻璃，扫走道时，如灰尘较大，则先洒少量水。对不能开较多窗户换气的单元，熏蒸冰醋酸中和氨气并带猪消毒（冰醋酸与水的比例为 1：3 左右，具体比例根据效果而定）。根据呼吸道病的发生日龄采取药物预防。

2. 保育舍

除非强冷空气到来，否则所有单元的天窗都应打开。在保证仔猪保温需要的情况下做好通风换气工作，扫走道时，如灰尘较大，则先洒少量水。不能开较多窗户换气的单元熏蒸冰醋酸中和氨气并带猪消毒（冰醋酸与水的比例为 1：3 左右，具体比例根据效果而定）。根据呼吸道病的发生日龄采取药物预防。

3. 夜班人员

夜班人员要根据各单元情况关窗，每个单元的窗户要分批关，不要一次性将每个单元的窗户全部关上，要在保温的同时注意通风换气。

（六）猪皮肤病的防治方案

1. 隔离舍

①新进种猪注射通灭，如无通灭，则进行体内驱虫（阿维菌素或伊维菌素拌料）和体外驱虫（螨净或灭虫菊酯）；②平时按消毒制度进行全群体表驱虫。

2．配种妊娠舍

①平时按消毒制度进行全群体表驱虫，个别严重的要治疗；②上产床前冲净消毒后驱虫，力保上产床的母猪无皮肤病。

3．分娩舍

①空栏冲洗消毒后再用驱虫药喷雾消毒1次；②仔猪剪牙要彻底平整；③断脐、去势后手术部位要消毒好，剪牙、去势的用具消毒要彻底，减少细菌感染的机会；④加强消毒，每周至少2次；⑤平时注意多观察，一旦发现仔猪有伤口感染、发炎，要及时涂碘酒，并用阿莫西林和地塞米松注射，每天1次，连用5天；⑥皮肤有痂皮的仔猪用温0.2%高锰酸钾水或1∶500百毒杀（或菌毒灭）浸泡5~10分钟，待痂皮发软后用毛刷擦拭干净，剥去痂皮，有伤口的涂碘酒并注射阿莫西林，每天1次，连用3天；⑦严重的用废机油混敌百虫或除癞灵涂擦，也可用灭虫菊酯水涂擦；⑧可按每头每天1次口服伊维菌素或阿维菌素，连用3天（剂量按说明用）；⑨个别严重的仔猪，如整个猪身结痂变黑的，尽快淘汰，以防传染给其他仔猪。

4．保育舍

①空栏冲洗消毒后再用驱虫药喷雾消毒1次；②进猪时仔细挑选，有皮肤病的分开饲养；③加强消毒，每周至少2次；④平时注意多观察，一旦发现皮肤病的仔猪及时挑出；⑤集中饲养病猪，饲料拌阿莫西林或伊维菌素驱虫药；⑥个别治疗同哺乳仔猪。

附录2 夏季养猪生产管理细则

一、初产母猪管理要点

后备母猪的饲养管理对于提高整个种猪群的生产潜力十分重要，因其不仅影响头胎的生产成绩，还影响2~3胎甚至更长。猪场疾病的控制也应从后备猪开始，可以节省大量药费，控制好源头，事半功倍。

养好后备母猪，生产上应该着重抓好以下几项重点工作：

（一）引种管理

（1）进猪前空栏冲洗消毒，空栏、消毒的时间至少要达到7天，消毒药选用烧碱、过氧乙酸、消毒威等。

（2）进猪时要在出猪台对未下车的猪只进行严格消毒，严禁应付式消毒。但冬天要根据实际情况进行消毒。

（3）刚进猪时不能马上冲水，天气阴冷多变时也应减少冲水。

（4）进猪后的当餐不喂料，第二餐喂0.5千克料，第三餐可自由采食。

（5）刚引进的后备母猪要在饲料中添加一些抗应激药物，如维生素C、复合维生素B、开食补盐等。根据种猪的健康状况，先用西药保健1周，接下来可使用中草药进行保健（如鱼腥草、清肺散、穿心莲、三珍散等，注意轮换用药），1个疗程为5~7天。在配种前最好进行2~3次中药保健，以提高后备母猪的免疫力。

（6）视引入猪的生长情况有针对性地进行营养调节。生长缓慢、皮毛粗乱的猪可在饲料中加入档次高的饲料或加一些营养性添加剂，如鱼肝油、氨基维他、鱼粉等。

（二）后备母猪饲养管理

（1）按进猪日龄和疾病情况，分批次做好免疫、驱虫健胃和药物净化的计划。

（2）后备母猪进场后，4~6月龄猪只应该尽量让其多吃，以促进身体的发育，6~7月龄适当限饲，7月龄起应当严格限饲，控制在

1.8~2.2 千克 /（头·天）。配种前 7~14 天的催料工作应该严格按照母猪的发情情况来进行，以保证合适的配前膘情，不能盲目催料。

（3）在大栏饲养的后备母猪要经常进行大小、强弱分群，最好每周 2 次以上，以免残弱猪的发生。

（4）5.5~7 月龄时要做好发情记录，逐步划分发情区和非发情区，以便于及早对不发情区的后备母猪进行特殊处理。

（5）6~7 月龄的发情猪，以周为单位，进行分批按发情日期归类管理，并根据膘情做好限饲、优饲计划。配种前 10~14 天要安排喂催情料，比正常料量多 1/3，到下个情期发情即配。

（6）后备母猪开配的理想日龄为 230~250 天，体重 110 千克以上，为第二或第三情期，过早开配容易导致产后无乳等问题发生。

（7）冬季要对刚引入的猪只进行特殊护理，做好防寒保温工作，保证其体能快速恢复。

（三）促进母猪发情的措施要到位

（1）5.5~7 月龄时，每天放公猪诱情 2 次，上午、下午各 1 次。

（2）适当运动，最好保证每周 2 次或 2 次以上，每次运动 2 小时左右，6 月龄以上的母猪在有人监护的情况下可以放公猪进行追逐。

（3）做好防暑降温工作。夏天通风不良、气温过高对后备母猪的发情影响较大，会造成延迟发情甚至不发情。

（四）疾病防治与保健工作

大生产要求尽可能地将疾病控制在源头，避免传播到生产群。因此，后备猪的保健用药要舍得花代价，从全场疾病控制来看，早期用药最划算。

（1）生殖道炎症的防治。及时清扫猪粪，保持栏舍清洁卫生，定期严格消毒，减少子宫炎的发生。在天气不宜冲栏又必须洗栏时可利用空栏来做周转，这样可减少冷湿应激。推荐在配种前进行 2 次预防子宫炎的保健（使用利高霉素），2 次发情前如出现较严重的子宫感染，可加利高霉素 1 次，配种前必须再加 1 次，剂量 2 克 /（头·天），连用 4~7 天。

（2）呼吸道疾病的防治。针对呼吸道病的控制，除了全群投药预防外，还要注重个体标记进行注射治疗，注意疗程与剂量（呼吸道病注意长短咳之分，长咳最好结合使用长效抗菌剂）。

（3）后备母猪驱虫健胃。采用进场 1 次和配种前 1 次共 2 次的方法较好。

（4）勤观察猪群。喂料时看采食情况，清粪时看猪粪色泽，休息时看呼吸情况，运动时看肢蹄情况等。有病要及时治疗，无治疗价值的要及时淘汰。

（5）确保各种疫苗的接种质量。接种疫苗前适当限料，并于接种前 3 天开始添加亚硒酸钠和维生素 E，或在接种前一天加维生素 C，以保证免疫效果。

（五）不发情的母猪要及时催情

对于达到 6 月龄以上不发情的母猪，采取以下方法可以刺激母猪发情：①适当运动；②公猪追逐；③发情母猪刺激；④调圈；⑤饥饿；⑥车辆运输；⑦死精处理；⑧当上述方法综合使用后仍不发情的母猪，用激素处理 1~2 次。

（六）后备母猪的淘汰与更新

（1）达 270 日龄从没发情的后备母猪一律淘汰。

（2）对患有气喘病、胃肠炎、肢蹄病的后备母猪，应隔离单独饲养在一栏内，此栏应位于猪舍的最后。观察治疗 1 个疗程仍未见有好转的，应及时淘汰。

（3）配种前准确判断母猪的健康状况，尽量减少怀孕期淘汰，以减少不必要的损失。

（4）按计划及时补充后备母猪，年提供后备母猪数 = 基础母猪数 × 淘汰更新率 ÷90%。

（七）发情鉴定与适时配种

后备母猪的发情鉴定应根据母猪的外阴变化来进行，依据黏液性状判断，"静立反射"稍差的也应该及时配种，月龄达到标准的不能往后推，否则只会导致超期未配或不发情母猪增加。为了增强配种员

的信心，针对"静立反射"较差的少量母猪可以在配种前 1~2 小时肌肉注射促排 3 号来促进排卵。

后备母猪首次配种前一律注射 1 次缩宫素。

（八）初产母猪妊娠期喂料标准

初产母猪怀孕期喂料可以"抓两头、放中间"，某猪场妊娠期各阶段喂料量见附表 1。

附表 1　初产母猪妊娠期各阶段喂料量

妊娠阶段	喂料量［千克 /（头·天）］
0~3 天	1.2
4~7 天	1.8
8~28 天	1.8~2
29~84 天	2.3~2.5
85~91 天	攻料过渡期，每天增加 0.1 千克，从 2.5 千克 /（头·天）过渡到 3.2 千克 /（头·天）
92 天至临产前	接近自由采食，一般为 3.5 千克 /（头·天$^{-1}$）左右

注：寒冷季节每天增加 0.1 千克的喂料量。中期 29~84 天应视母猪体形确定该不该"放"，如果母猪的体形不是足够大，中期应该适当提高喂料量，以促进母猪身体的进一步生长。

（九）产后母猪护理

初产母猪产后容易乏力、缺钙、少乳，提倡从产第二头仔猪开始，全部母猪采取吊针（葡萄糖、维生素、抗生素 + 缩宫素等）添加注射维丁胶性钙的办法来应对。

二、夏天防暑降温措施

（一）种母猪

1. 立体式滴水降温（适合水源充足的猪场）

以怀孕舍为例：①第一层，屋顶瓦面水管钻孔喷水（或采用低压力的花园浇水装置），力求使瓦面长时间处于湿润状态，以达到隔热降温效果。②第二层，猪舍内定时开启喷雾降温系统，做到气温高时至少每小时喷雾 1 次。注意须待喷雾完成后再开风扇，以免损坏风扇。③第三层，母猪头部安装滴水降温设备，简易而又十分有效的装置是在头部上方沿铁支架拉一条塑料水管，在每头母猪的位置钻孔，让孔朝向铁管，利用反冲来减缓水流而成滴流下，也可在每个孔的部位缠一块布来形成滴水。注意合理安排好用水，避免影响正常生产用水。水源不充足的猪场至少应做到第二、第三层降温措施。

针对产房，屋顶可采用上述第一层瓦面降温方法。传统的母猪头部滴水管很容易堵塞，成本也比较贵，可在母猪的头部上方拉一条塑料网管（比较耐用），在母猪头部用"人医用输液管"钻孔，并利用输液管的调节装置来随意调节水流量。合理安排风扇布局，并根据仔猪的日龄大小调整风扇吹风的高低。如果有风机，夏天最好配合水帘来降温效果好。

2. 遮光网降温

从两边屋檐（注意不是遮屋顶）分别向两边空地拉上遮光网，角度尽量平一些，遮光网面积尽量大一些，通过阻挡阳光达到降温目的。拉遮光网需考虑到风吹破坏，最好有适当的固定措施（比如采用竹片或木条等夹住遮光网），这样可延长遮光网的使用年限。

3. 合理利用风扇，合理布局妊娠母猪

传统的风扇布局很难照顾到中间一排母猪，也常有死角出现，建议重新设计风扇布局，力求不出现死角，必要时可增加风扇用量。也可在中间一排安装风扇，让风扇呈180°转动，全方位平行送风，避免产生死角。针对个别热应激强的母猪，可集中饲养，采用移动式风扇特殊照顾。夏天对个别猪群还需加强夜间通风。

对于母猪的合理布局，主要是照顾妊娠后期的母猪，最好是将它们转移到通风良好的边上一排，尽量不要放到中间一排饲养。

（二）种公猪

注意小公猪（未调教前）防热应激（此时的生殖性能热损伤将是终身性的），有条件的可以提前放入有湿帘降温的猪舍内。

公猪舍一般可采用上述"瓦面降温＋遮光网措施＋风机湿帘"的方式，要根据猪舍的长度决定风机的使用数量（必要时可用墙将猪

舍一分为二，进行两头通风降温）。风机质量应有保证并定期检修，偶尔的一次降温不力将严重影响精液质量。注意不要使公猪舍湿度过大。

（三）保育舍

合理分布风机，灵活调整风机吹风高度（必要时可在过道等部位洒水，通过水分蒸发来提高降温效果），针对通风死角可补充移动落地式风扇。降低饲养密度，合理分布猪舍周围树木，做到适当遮阳而又不影响通风（去掉低于屋檐的侧枝）。有条件的最好采用风机加湿帘降温（冬天通风与保温矛盾也容易解决），可大大降低饲养员操作难度，从而真正保证降温质量。

（四）肉猪

一般可采用屋顶瓦面喷水降温（水源充足情况下）及两边屋檐拉遮光网方法。其他方法有：屋顶做钟楼式，中大猪可在其头顶上1米高处拉塑料水管钻孔流水降温（水流成股流下），中午加强冲水，中午饮水使用"十滴水"或薄荷水，将喂料尽量分布在气温低的时间进行。有条件的可使用风扇。

附录3 养猪合同

甲方：×××××公司
乙方（合作养殖户姓名）：×××
身份证号码：××××××××××××××××××

为了更好地达到甲方与乙方共同致富的目的，发挥×××××公司（甲方）的"公司＋农户"经营模式的社会效益，经甲、乙双方友好协商，共同订立如下合作养猪合同：

一、总　则

第一条　甲、乙双方本着精诚合作宗旨，在协商一致、友好合作的基础上，按照"公司＋农户"模式进行合作。

第二条　合作的双方通过资金、技术、管理、劳动力、场地等资源的优化组合，实现资源共享、优势互补，以达到共同富裕、共同发展的目的。

第三条　双方在合作期间风险共担、利益共享，共同遵守本合同。

第四条　甲方负责产业链中的仔猪、饲料、药物、疫苗以及肉猪销售等环节，并制定肉猪饲养环节所需的各项管理制度、规定和技术标准，乙方负责肉猪饲养管理环节，乙方所饲养的肉猪及所领用的饲料的所有权属甲方。

第五条　乙方在饲养猪只过程中须具有高度的责任心，严格执行甲方制定的各项饲养管理制度、规定和各项指标与技术标准等。双方严格遵守国家的有关法律法规。

二、合作流程

第六条　甲、乙双方经洽谈达成合作意向后，由乙方填写"养猪开户申请表"及"猪场栏舍建设审批表"。根据乙方申请，甲方派出管理员按甲方规定的饲养和防疫条件要求，进行审核和确认，审核和确认的事项还包括乙方的饲养规模、品种等。经甲方审核批准后，乙

方按"猪舍栏舍建设审批表"建造猪舍。若乙方已有猪舍的，须按甲方要求进行改造直至符合甲方的规定为止。至此，双方正式确立合作关系。

第七条 双方确认建立合作关系，即可订立本合同，以明确双方权利、义务和违约责任。合同期限从一批仔猪领取第一天起，至该批猪只上市结算日止，结算日不超过该批猪只上市完毕后7天。

第八条 订仔猪。乙方按甲方要求建好或改造好猪舍后，应提前15天以上到公司订仔猪。订仔猪时，按规定交纳一定额度的保证金，并经甲方管理员和乙方共同确认饲养品种和数量，确认后不再随意更改。一方更改所造成的损失，另一方有权要求赔偿。

第九条 领取仔猪及饲养管理。乙方按甲方的生产计划，在指定的时间到指定地点领取由甲方核定数量的仔猪，并按要求进行饲养管理。

第十条 肉猪上市。甲方负责制定肉猪上市销售计划。甲方根据肉猪上市销售计划，安排乙方饲养的肉猪上市。乙方须按照甲方制订的上市标准，积极配合甲方销售人员做好肉猪上市销售工作。

第十一条 乙方结算。在乙方肉猪上市后，甲方严格按照甲方制定的与该批仔猪领养最接近的结算方案，在7天内与乙方进行结算。

三、双方的义务

第十二条 甲方须履行如下义务。

1. 为乙方免费提供全过程的技术指导和技术咨询服务，包括猪舍的选址、建筑指导、肉猪饲养管理指导与疾病诊断指导等。

2. 为乙方做好养猪技术和企业文化的培训工作。

第十三条 乙方须履行如下义务。

1. 饲养甲方提供的仔猪，使用甲方统一提供的饲料、药物、疫苗。

2. 自觉接受甲方的技术管理指导，严格执行甲方的各项饲养管理制度和规定，按甲方的规定和要求使用好饲料、药物、疫苗，做好卫生清洁、消毒防疫和防寒保温工作，精心饲养好猪群。

3．严格执行甲方制定的饲料、药物、疫苗管理规定，如数将合作饲养的猪只交由甲方回收销售。

4．严禁使用非甲方提供的饲料、药物、疫苗等，严禁使用国家规定的违禁药物，严禁混养或饲养非甲方提供的猪只。

5．甲方回收合作饲养的成品猪时，乙方及其出猪人员要听从甲方销售员的指挥，配合甲方销售员做好回收成品猪的其他相关工作。

6．配合甲方做好甲方企业文化的宣传与发展合作养殖户的工作。

7．监督甲方工作人员的服务管理、服务态度以及检举揭发损害甲方或乙方利益的不良行为。

四、结 算 方 案

第十四条　结算方案是甲、乙双方合作养殖的一个重要组成部分，是甲、乙双方利益分配的重要依据，甲、乙双方必须共同遵守。

第十五条　结算方案确定了仔猪、饲料、药物、疫苗等物料的领用价格和肉猪的回收价格等，确定了合作养猪保证金的额度范围及存款、欠款的利率，规定了饲养肉猪所需饲料的供应比例及其用料标准和相应的惩罚措施，规定了所回收成品猪的规格与标准。

第十六条　结算方案的生效期限为本合同所定的合作期限。

第十七条　补贴是甲方进行利益调整的一种手段，是甲方精诚合作的一种体现。甲方将根据市场变化情况和饲养情况决定是否给予乙方补贴，乙方无权要求甲方进行补贴。

五、责 任 认 定

第十八条　乙方领取仔猪时，须由甲方猪场、乙方签名确认仔猪品格、数量和重量。乙方在领取仔猪运输途中，如有仔猪死亡所造成的损失由乙方自行负责。

第十九条　乙方在饲养过程中，如猪群发生疾病或其他原因造成猪只大量死亡的，应分清责任，是乙方原因造成的由乙方负责，是甲方原因造成的应由甲方负责。

第二十条　在回收合作饲养的合格成品猪的过程中，从乙方猪舍到过磅，如有猪只死亡所造成的损失由乙方自行负责。如因道路影响而不能进入到猪场直接回收的，乙方必须按甲方指定地点回收，一切费用由乙方负责。

第二十一条　甲方回收肉猪过磅车皮时，由甲方销售人员、乙方与经销客户三方签名确认车皮重量。肉猪过磅时，由甲方销售人员、乙方与销售客户三方签名确认猪只数量和重量。

第二十二条　被甲方销售人员、乙方与经销客户三方确认为级外品的猪只，由甲方代收代销。

六、各项饲养规定制度等

第二十三条　甲方作为推动"公司＋农户"产业化推广模式的经营主体，有权根据市场需求和社会要求不断完善各项管理制度，制订或修订有关技术操作标准，努力推进规范化饲养管理。

第二十四条　乙方作为"公司＋农户"产业化推广模式中的重要组成部分，要适应甲方的新要求，须严格遵守和执行甲方制订或修订的各项管理规定和制度，确保双方的长期合作和共同发展。

七、争议处理

第二十五条　甲、乙双方在执行本合同的过程中，若出现分歧，须本着平等互利、友好协商的原则，妥善处理。

第二十六条　双方经协商不成的，可依法向当地仲裁机构提请仲裁处理。当事人对仲裁裁决不服的，可以自收到裁决书之日起15天内向人民法院提起诉讼。期满不起诉的，裁决书即发生法律效力。

八、合同的解除

第二十七条　有下列情形之一的，合同即可解除。

1. 本合同期满。

2. 双方协商同意，并且不因此损害国家利益、社会公共利益或他人利益的。

3. 由于不可抗力致使合同的全部义务不能履行。

4. 由于另一方在合同约定的期限内没有履行合同。因解除合同使一方遭受损失的，除依法可以免除责任的以外，须由责任方负责赔偿。当事人一方发生合并、分立时，由变更后的当事人承担或分别承担履行合同的义务和享受应有的权利。

5．解除合同的通知或协议，须采取书面形式。除由于不可抗力致使本合同的全部义务不能履行，或者由于另一方在本合同约定的期限内没有履行合同的情况以外，在新协议未达成之前，本合同仍然有效。

6．在合作饲养期间，乙方违反甲方的相关规定的；合作意识差，不听从甲方安排，经劝导，仍拒不履行其义务的；散布不利于双方合作的言论或不利于甲方发展的言论的。

7．其他双方不能继续合作的问题。

九、违约责任

第二十八条 由于当事人一方的过错，造成本合同不能履行或者不能完全履行的，由有过错的一方承担违约责任。如属双方的过错，根据实际情况，由双方分别承担各自应负的违约责任。对由于失职或其他违法行为造成重大事故或严重损失的，将依法追究经济责任甚至刑事责任。

第二十九条 当事人一方由于不可抗力的原因不能履行合同的，须及时向对方通报不能履行或者需要延期履行、部分履行本合同的理由，在取得有关证明以后，允许延期履行、部分履行或者不履行，并可根据情况部分或全部免予承担违约责任。

第三十条 当事人一方违反本合同时，须向对方支付违约金。如果由于违约已给对方造成的损失超过违约金的，还须进行赔偿，以补偿违约金不足的部分。对方要求继续履行合同的，须继续履行。

第三十一条 违约金、赔偿金须在明确责任后10天内偿付，否则按逾期付款处理。

十、附 则

第三十二条 本合同一式两份，经双方签字确认后生效，并由甲、乙双方分别保管，每份均具同等法律效力。

第三十三条 本合同未尽事宜，甲、乙双方应通过友好协商共同

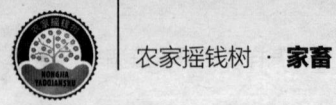

解决。

　　甲方：　　　　　　　　　　公司
　　授权代表：　　　　　　　　日期：

　　乙方：　　　　　　　　　　地址：
　　身份证号码：　　　　　　　日期：